航空整備士になるには

なるにはBOOKS
161

阿施光南 著

ぺりかん社

はじめに

ライト兄弟が飛行機を発明してから、100年以上がたった。最初は、ただ飛べるだけの頼《たよ》りない翼《つばさ》だったが、現代では数百人もの乗客を乗せた飛行機が毎日数千、数万と世界の空を飛び交うようになっている。また飛行機は、人だけではなくたくさんの貨物も運んで私たちの生活を支えている。スーパーマーケットには外国産のフルーツや野菜などが並《なら》んでいるが、これらの多くは飛行機で運ばれてきたものだ。船では何週間もかかる遠い国からでも、飛行機ならば鮮度《せんど》が落ちないうちに運ぶことができるのである。

こんなにも身近な乗り物になったのに、今でも「あんな鉄の塊《かたまり》が空を飛ぶのが信じられない」という人がいる。しかし、さすがに鉄の塊《かたまり》では重すぎて飛べない。たとえば巨大《きょだい》な旅客機の材質は鉄よりも軽いアルミニウム合金や炭素繊維《せんい》で、しかも板の厚みはほんの数ミリメートルにすぎない。もしプラモデルの大きさに縮小したならば、アルミホイルのような薄《うす》さになってしまうだろう。それほど軽く作られているのならば飛んでも不思議はないと思えるが、今度は簡単に壊《こわ》れてしまうのではないかと心配になる。

たとえば旅客機が飛ぶスピードは時速900キロメートルだから、台風とは比較《ひかく》にならない風の力を受ける。しかも旅客機が飛ぶ高度1万メートル以上では気温が氷点下50℃程度、気圧は地上の4分の1以下にまで下がるため、機内に空気を送り込《こ》んで快適な環境《かんきょう》をつくってやらなくてはならない。そのため胴体《どうたい》は、窓一枚当たりの大きさに数百キログラムもの力を受ける。

もちろん、それでもだいじょうぶなように作られてはいるが、ほかの機械と同じく放っておけば油もきれるし、錆《さ》びることもある。だからフライトのたびに各部を点検し、定期的に分解整備を行い、安全に飛べるように維持《いじ》してやらなくてはならない。それを行うのが航空整備士である。

ベテランの航空整備士になると、飛行機の中が透《す》けて見えるようになるともいわれている。各部の働きや仕組みなどが、まるで透視《とうし》したかのように目に浮《う》かぶようになるのだという。飛行機が好きな人には夢《ゆめ》のような境地といえるが、旅客機の整備に必要な一等航空整備士を受験するためには、最低でも4年の実務経験と猛《もう》勉強が必要とされる。大勢の乗客や乗員、そして地上の人たちの命や財産を守るという重い責任を負うだけに、決して簡単になれるものではない。しかしだからこそ挑戦《ちょうせん》する価値のある仕事といえるだろう。

なお本書には、航空専門誌『月刊エアライン』での取材時に撮影《さつえい》した写真を数多く使わせていただいた。写真使用を快諾《かいだく》いただいたイカロス出版《しゅっぱん》および航空各社に深く感謝します。

著　者

航空整備士になるには　目次

はじめに …… 3

［1章］ドキュメント 航空整備の現場から

ドキュメント1 安全運航の最後の砦、ライン整備 …… 10
吉田達央さん・JALエンジニアリング　羽田航空機整備センター

ドキュメント2 格納庫で行うドック整備 …… 20
福島一志さん・ANA（全日本空輸）整備センター

ドキュメント3 ヘリコプターの航空整備 …… 30
伊澤孝美さん・朝日航洋　東日本航空支社整備部

［2章］航空整備士の世界

航空機の安全を支える …… 42
航空機は空を飛ぶ乗り物の総称／旅客機の事故率は自動車よりも低い／航空機を安全に飛ばすための努力

航空整備士が活躍するところ …… 49
日本の航空会社は20社以上／グループ航空会社と独立系航空会社／

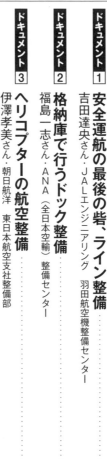

整備専門会社と技術系総合職／使用事業会社やメーカーなど

航空整備士の仕事 ……59
航空機の整備の基本は1年に一度の耐空検査／到着から出発までの時間勝負／格納庫に入れて行うドック整備／深い専門知識が求められるショップ整備

航空整備士とともに働く人たち ……68
安全をめざすという気持ちは同じ／パイロット／客室乗務員／グランドハンドリングスタッフ／グランドスタッフ（旅客スタッフ）

自衛隊機の整備 ……75
入隊してから選抜される／整備員を養成する第1術科学校／階級により任期制と定年制がある

ミニドキュメント1 **エンジン専門の整備士** ……82
菅原右介さん・ANAエンジンテクニクス　整備部

ミニドキュメント2 **小型機の整備士** ……91
加藤　諒さん・朝日航空　整備部

ミニドキュメント3 **現場をサポート、技術系の総合職** ……98
岩淵由華さん・日本航空　羽田航空機整備センター

航空整備士の生活と収入 ……105
資格取得のため、勉強に時間が必要／機種ごとに限定された資格／飛行機が飛ばない時間に整備をする／航空整備士の収入

航空整備士の将来性 ……111
波はあっても成長し続ける航空業界／将来にわたって求められる航空整備士

【Column】航空整備の現場を見学しよう …… 116

[3章] なるにはコース

適性と心構え …… 122
航空整備士に向いている人とは／うそつきはいらない／飛行機は好きになる

航空整備士への道のり …… 130
就職を重視した航空専門学校／大学や大学院の理工系学部から

航空専門学校とは …… 133
実地試験免除の指定養成施設／航空専門学校のコース／入学した時から就職準備が始まる

航空整備士の資格 …… 141
航空整備士資格の種類／航空整備士の受験資格／一等航空整備士の試験

就職の実際 …… 148
航空整備士の採用試験／入社後のスキルアップ

【なるにはフローチャート】航空整備士 …… 153
【なるにはブックガイド】 …… 154
【職業ＭＡＰ！】 …… 156

※本書に登場する方々の所属、年齢などは取材時のものです。

[装幀]図工室　[カバーイラスト]ハラアツシ　[本文写真]阿施光南

「なるにはBOOKS」を手に取ってくれたあなたへ

「働く」って、どういうことでしょうか?

「毎日、会社に行くこと」「お金を稼《かせ》ぐこと」「生活のために我慢《がまん》すること」。

どれも正解です。でも、それだけでしょうか? 「なるにはBOOKS」は、みなさんに「働く」ことの魅力《みりょく》を伝えるために1971年から刊行している職業紹介《しょうかい》ガイドブックです。

各巻は3章で構成されています。

[1章] ドキュメント 今、この職業に就いている先輩《せんぱい》が登場して、仕事にかける熱意や誇《ほこ》り、苦労したこと、楽しかったこと、自分の成長につながったエピソードなどを本音で語ります。

[2章] 仕事の世界 職業の成り立ちや社会での役割、必要な資格や技術、将来性などを紹介《しょうかい》します。

[3章] なるにはコース なり方を具体的に解説します。適性や心構え、資格の取り方、進学先などを参考に、これからの自分の進路と照らし合わせてみてください。

この本を読み終わった時、あなたのこの職業へのイメージが変わっているかもしれません。「やる気が湧《わ》いてきた」「自分には無理そうだ」「ほかの仕事についても調べてみよう」。

どの道を選ぶのも、あなたしだいです。「なるにはBOOKS」が、あなたの将来を照らす水先案内になることを祈っています。

1章

ドキュメント 航空整備の現場から

ドキュメント 1
安全運航の最後の砦、ライン整備

原点は「飛行機が好き」安全で楽しい空の旅のために

JALエンジニアリング
羽田《はねだ》航空機整備《こうくうきせいび》センター
吉田達央《よしだたつお》さん

吉田さんの歩んだ道のり

1988年生まれ、岩手《いわて》県出身。小学生のころに家族旅行で海外に行ったのがきっかけで、飛行機に魅《み》せられた。専門学校の航空工学科に進学し、在学中に一等航空運航整備士の資格も取得。2010年にJAL（日本航空《にほんこうくう》）グループの整備会社に入社。「特に大好きな飛行機は、地元花巻《はなまき》空港に乗り入れていたJALのマクダネル・ダグラスMD-90やエアバスA300。ぜひ整備士としてかかわりたいと思っていました」

旅客機の安全を守る最後の砦《とりで》

地上から見上げる旅客機は、ほんとうに大きい。とりわけ駐機《ちゅうき》場の停止位置に向けて接近してくるようすは圧巻だ。それを見守る吉田達央さんは、JALエンジニアリングの航空整備士である。同社はJAL（日本航空）グループの整備会社で、機体整備はもちろんエンジンや装備《そうび》品まであらゆる整備を行っている。そこで吉田さんが担当しているのはライン整備。運航の合間に機体の点検を行い、必要があれば修理や部品交換《こうかん》などを行ったうえで送り出す。旅客機の安全を守る最後の砦《とりで》といってもいい。

「機体点検は、飛行機がスポット（駐機《ちゅうき》位置）に近づいてくる時から始まっています。オイルなどが漏《も》れてはいないか、タイヤに異常はないか、鳥が衝突《しょうとつ》したようなへこみはないかなど、異常がないかを五感を使いよく観察します」

鳥がぶつかったくらいでジェット旅客機がへこむことがあるのかと思うかもしれないが、旅客機のスピードは離着陸《りちゃくりく》の時でも時速約300キロメートルになる。プロ野球の速球投手が投げるボールの約2倍だ。そんな勢いでぶつかったならば、たとえ相手が鳥であっても相当な衝撃《しょうげき》を受けるだろう。それでも安全に飛び続けられるように旅客機は作られているが、傷ついたままで出発させることはできない。

機体が所定の位置に停止すると、さらに周囲の動きがあわただしくなる。タイヤに車輪止めをあてがい、地上から電気を送るケーブルや、コクピット（操縦席）と連絡《れんらく》するための通信装置《そうち》を接続する。旅客機の電気はエンジンにつけた発電機から供給されるので、エンジンを停止する前に地上からの電気を送れるようにするのだ。そしてエンジンが停止したならば、ただちにボーディングブリッジ（旅客搭乗橋《とうじょうきょう》）が接続され、貨物室から荷物を降ろす作業も開始される。その間に、吉田さんは機体の周囲を歩きながら各部をすばやく点検していく。

「不具合が見つかった場合にはただちに整備しなくてはなりませんが、旅客機が地上にいる時間は国内線では最短40分程度にすぎません。整備に時間がかかると出発が遅《おく》れてしまうので、常に時間との勝負になります」

そこで最近の旅客機ではコンピューターが機体の状態を監視《かんし》し、飛んでいるあいだからそのデータを地上に送るようになっている。

航空整備士は旅客機が到着《とうちゃく》する前からそうしたデータを確認し、不具合やその予兆がないかを判断する。そして整備や部品交換《こうかん》が必要な時には、あらかじめ必要な部品や工具、作業に必要な人数の航空整備士を手配し、さらに作業手順などを再確認したうえで待機する。

また出発前には、確認主任者として旅客機が安全に飛べる状態であるという署名をする。確認主任者は国家資格である一等航空整備士になったうえで、さらに社内審査《しんさ》を受けて認定されるもので、その署名がなければ旅客機を出発させることはできない。みずからの判断で旅客機の安全性に太鼓判《たいこばん》を押《お》すという、とても重い責任をともなう仕事だ。

「大勢のお客さまの安全が、自分の判断に委ねられるというのは大きなプレッシャーです。何か見落としや間違《まちが》いはなかっただろうかと

旅客機が到着すると、機体に異常がないかをただちに点検する

何度も自問し、不安があれば時間がかかっても再確認をします。もちろん何度も再確認をしていては、いつまでも飛行機を飛ばすことはできません。ですから私たちは、あとで不安になることがないよう一つひとつの手順や作業を確実に行うよう日頃《ひごろ》から心がけています」

原点は「飛行機が好き」という気持ち

吉田さんが飛行機に興味をもったのは、小学生のころの家族旅行がきっかけだった。

「はじめて飛行機に乗って、そのカッコよさや離陸《りりく》時の加速、あるいは雲に入った時の揺《ゆ》れさえもが魅力的《みりょくてき》だと思いました」

飛行機に魅《み》せられた吉田さんは専門学校の航空工学科に進学し、航空整備士をめざすことにした。

「理系か文系かでいえば、むしろ文系の人間だと思います。しかし、そんなことには関係なく、飛行機が好きだから飛行機のことを勉強したい、飛行機とかかわっていきたいと思いました。文系とか理系というくくりにとらわれてしまうと、自分の可能性を狭《せば》めてしまうことになると思います」

就職先にＪＡＬエンジニアリングを志望したのも、「好き」という気持ちが原点になっている。

「実家のある岩手県の花巻空港に就航していたのがＪＡＬで、花巻線に就航していたマクダネル・ダグラスＭＤ－90やエアバスＡ３００といった旅客機が大好きでした。ですからまずはＪＡＬの整備士になって、自分の好きなＭＤ－90やＡ３００にかかわりたいというのが大きな志望理由でした」

あいにくＭＤ－90やＡ３００は吉田さんが入社して間もなく退役してしまうのだが、それでもその最後の活躍《かつやく》を航空整備士の一人として見送ることはできた。

ちなみに現在ではＪＡＬグループの整備会社はＪＡＬエンジニアリングとして統合されているが、吉田さんが就職活動をしていたころには羽田空港（東京国際空港）を拠点《きょてん》とするＪＡＬ航空機整備東京（ＪＡＬＴＡＭ。ジャルタム）、成田《なりた》空港を拠点《きょてん》とするＪＡＬ航空機整備成田（ＪＡＬＮＡＭ。ジャルナム）、エンジン整備を専門に行うＪＡＬエンジンテクノロジー、装備《そうび》品整備を行うＪＡＬアビテックに分かれていた。このうち機体整備を行えるのはＪＡＬＴＡＭとＪＡＬＮＡＭの2社で、ＪＡＬＴＡＭは主に国内線機、ＪＡＬＮＡＭは主に国際線機を担当していた。

数百トンもの機体を支え、前進させる脚やエンジンのチェック

「いずれもライン整備（61ページ参照）とドック整備（工場整備・63ページ参照）の両方を行っていましたが、私は何日もかけてじっくりと作業するドック整備よりは、到着《とうちゃく》から出発までの限られた時間に作業を完結させなくてはならないライン整備に魅力《みりょく》を感じました。また同じライン整備でも、機用品セッティングや機内食の搭載《とうさい》準備などに時間がかかる国際線は地上にいる時間も2〜3時間はあるのに対して、国内線では40分から1時間程度と短いことがほとんどです。それだけ整備作業に費やせる時間は短くなってしまいますが、そんな厳しい状況《じょうきょう》で自分を鍛《きた》えてみたいという気持ちもありました。もちろん大好きなＭＤ‐90やＡ３００が国内線用の旅客機であるということも、ＪＡＬＴＡＭを志望した大きな理由です」

ただし吉田さんが内定を得た直後の2009年10月に、JALTAMを含《ふく》むJALグループの整備4社は統合されてJALエンジニアリングになった。だから吉田さんは、JALTAMとして最後に採用試験に合格し、JALエンジニアリングとして最初に入社したことになる。

作業の一つひとつが安全に直結する

吉田さんは在学中に一等航空運航整備士の資格を取ったうえで入社したが、だからといってすぐに旅客機の整備ができるようになったわけではない。航空整備士の資格は小型のプロペラ機から大型のジェット旅客機までを幅広《はばひろ》く網羅《もうら》するが、旅客機の整備にはさらに機種ごとの資格が必要になる。専門学校では、あらゆる航空機の基礎《きそ》となる小型機の整備について主に学ぶが、旅客機については入社後にその航空会社が運航している機種に合わせて訓練を受けることになる。もちろん資格を取るために学んだ知識や技術は役立ったが、業務としてはゼロからのスタートといえた。

たとえば整備作業には、一つひとつに「確認」という行為《こうい》が必要になる。作業を行った航空整備士は、それが正しく行われたということを確認して判を押《お》すのである。ところが新人のうちは、自分でこうした確認を行うことができない。だから作業のたびに、先輩《せんぱい》の航空整備士に確認してもらい判を押《お》してもらわなければならない。たとえばボルトを締《し》めて、それが緩《ゆる》まないように針金で固定するといった一見シンプルな作業ですら、自分だけでは完結できず先輩《せんぱい》から確認してもらわなくてはならないのだ。

自分が安全を確認したという責任をもって出発機に手をふる

「そこから経験を積み、試験に合格して資格を取っていくと、自分でも確認できる作業が増えていきます。最初は軽い作業からということになりますが、それでもみずから確認をして判を押《お》す時には緊張《きんちょう》しました。旅客機では、小さなボルトひとつの緩《ゆる》みが事故につながってしまうかもしれません。もちろん正しく作業したつもりでも、ほんとうにそれでだいじょうぶなのか、それまでは先輩《せんぱい》が最終的に確認してくれるという安心感がありました。しかし資格を取れば、自分でそれを確認しなければなりません。あらためて自分の手にお客さまの安全が委ねられているという責任の重さを感じました。そうした緊張《きんちょう》感は今も変わりませんし、また変えてはならないのだとも思います」

努力するほどに新しい世界が広がる

航空整備士にはいくつかの資格があるが、旅客機が安全に飛べる状態であるかを最終的に判断する確認主任者になるためには、国家資格の一等航空整備士が必要になる。これは受験するにも4年以上の実務経験が必要になる難関資格だが、それを取ったとしてもすぐに出発確認の署名ができるわけではない。実際には一等航空整備士に合格したうえでさらに経験を積み、確認主任者として社内資格（認定）を取らなくてはならない。

こうした社内資格はそれ以外にもあり、新人時代にはまずM（初級整備士）の取得、その後にM2（2級整備士）の取得をめざし、そのうえで一等航空整備士を取得し、さらに社内資格のM1（1級整備士）と確認主任者をめざすことになる。これだけそろって、はじめて航空整備士として一人前と認められることになるわけだ。

「一等航空整備士は機種ごとに限定された資格なので、別の機種の資格を取るためにはさらに勉強してあらためて試験に合格しなければなりません。勉強は大変ですが、資格を取るごとに新しい世界が広がります」

それに加えて吉田さんは、間接部門の事務職も経験している。

「それまで整備の現場一筋でしたから、異動を命じられた時には戸惑いました。しかし旅客機の整備は整備士だけでできるものではなく、それを支える多くのスタッフの力が必要です。旅客機の整備スケジュールや整備士のシフト管理、航空機メーカーとのやりとりや部品の調達、整備マニュアルや規定類の作成、さらには一般《いっぱん》のみなさまへの広報活動など、さまざまな業務を行う部署が力を合わせることで会社が動いているということを身をもって知ることができました。そうした経験や得られた知見は、整備の現場に戻《もど》ってからも役に立っています」

これからの夢《ゆめ》は、ＪＡＬが主力機として導入した最新鋭《さいしんえい》機エアバスＡ３５０など新しい旅客機の一等航空整備士を取得して、さらに自分のスキルを高めていくこと。また海外空港の駐在《ちゅうざい》整備士なども、ぜひ経験したいと考えている。

「設備も整備士の数も充実《じゅうじつ》した羽田や成田と比べて、海外では限られたスタッフで、現地駐在《ちゅうざい》スタッフなどとも協力しながら旅客機の安全を守らなくてはなりません。そうした経験も、自分の能力を広げる大きな挑戦《ちょうせん》になるのではないかと思います」

実は飛行機好きとなるきっかけとなった家族旅行まで、吉田さんには飛行機への苦手意識があったという。漠然《ばくぜん》と、怖《こわ》いと思っていたのだ。しかし一度でも飛行機に乗れば、そんな不安は吹き飛《ふ》び、夢中《むちゅう》になった。同じように、飛行機に苦手意識がある人にも安全安心な空の旅を楽しんでもらい、飛行機を好きになってもらいたい。さらには、夢《ゆめ》のある旅客機という乗り物を最前線で支え整備し、一便一便の大切なお客さまの思い出をつくる航空整備士というやりがいのある仕事をめざしてもらいたいと思っている。

ドキュメント 2 格納庫で行うドック整備

安全を支えるエンジニア集団
原点は航空整備の現場にある

ANA（全日本空輸《ぜんにっぽんくうゆ》）
整備《せいび》センター
福島《ふくしま》一志《かずし》さん

福島さんの歩んだ道のり

1994年生まれ、宮崎《みやざき》県出身。航空自衛隊のパイロットだった父親の影響《えいきょう》で、幼いころから飛行機が好きだった。大学院では流体力学を研究し、航空機メーカーへの就職も考えていたが、作る側ではなく使う側（航空会社）のエンジニアの存在を知り興味をもった。しかもANAのグローバルスタッフ職は、整備の現場を経験したうえでさまざまな業務に挑戦《ちょうせん》できることにも魅力《みりょく》を感じた。現在は羽田空港でドック整備に従事。

ANA最大の整備拠点《きょてん》でもある羽田空港

東京の空の表玄関である羽田空港（東京国際空港）は、日本《にほん》でもっとも大きく、もっとも忙《いそが》しい空港だ。それだけでなく日本最大の航空機整備拠点《きょてん》でもあり、ANAグループも2棟《とう》の格納庫（機体整備工場）とコンポーネントメンテナンスビル（装備《そうび》品整備工場）、エンジンメンテナンスビル（エンジン整備工場）、そしてエンジンテストセル（エンジン試運転施設《しせつ》）などを構えている。

またANAグループには、それぞれの専門に特化した整備会社がある。それはドック整備を担当するANAベースメンテナンステクニクス（略称《りゃくしょう》BTC）、ライン整備を担当するANAラインメンテナンステクニクス（LTC）、エンジン整備を担当するANAエンジンテクニクス（ETC）、電子機器や油圧装置《そうち》など装備《そうび》品の整備を担当するANAコンポーネントテクニクス（CTC）、整備サポートを行うANAエアロサプライシステム（AAS）の5社で、これにエアライン2社（ANAおよびANAウイングス）の整備部門を加えたものを「e．TEAM ANA」と呼んでいる。ANAグループの安全を支える技術集団ということだ。2018年にANAに入社した福島一志さんは、今、機体整備工場でのドック整備を担当している。

ライン整備が日々の運航の合間に行われるのに対して、ドック整備は決まった期間ごとに格納庫に入れて行われるもので、定時整備ともいわれている。自動車にたとえるならば、毎日の始業前に行う点検が「ライン整備」、一定期間ごとに整備工場で行う車検整備が

「ドック整備」と考えてもいいだろう。ちなみにドックというのは格納庫の中で整備作業を行う場所のことで、機体を囲うように足場などが備えられている。

自動車の車検と同じように航空機には耐空《たいくう》検査というものがあり、通常は1年に一度行う必要がある。ただしANAは耐空《たいくう》検査に代わる整備方法を認められており、A整備、C整備、そしてHMV（重整備）と呼ばれている。耐空《たいくう》検査では毎年1回は整備のために機体を運休させなくてはならないが、こちらの整備方法ならば運休期間を短くすることができる。

整備間隔《かんかく》は機種によっても異なるが、いちばん短いA整備は500飛行時間から1000飛行時間ごとに行われ、主にエンジンオイルなどの補充《はじゅう》や使用頻度《ひんど》の高い動翼《どうよく》（舵《かじ》）、タイヤ、ブレーキなどの点検や整備が行われる。大きな問題がなければ所要時間は6時間程度なので、一日のフライトを終えてから翌日のフライトが始まるまでの夜間を利用して、飛行機を運休させることなく行うことができる。またA整備については、ドック整備士ではなくライン整備士が担当することもある。

より本格的なC整備は4000飛行時間から6000飛行時間ごとに、約10日間をかけて行われる。ここでは機体各部のパネルを取り外して内部の構造やシステムをむきだしにし、装備《そうび》品の点検や不具合部分の修復、交換《こうかん》作業などを行う。もっとも手間がかかるのはHMVで、5〜6年ごとに約1カ月かけて行う。この時は各部の徹底《てってい》的な点検や修復が行われるほか、塗装《とそう》も新しく塗《ぬ》り直されるため完成後は機体内部・外部ともに新品同様の機

巨大な旅客機が何機も収まる羽田空港の格納庫が福島さんの職場だ

能と輝きを取り戻《もど》す。

現場経験を軸《じく》にマネジメントを担う

福島さんが飛行機を好きになったのは、パイロットだった父親の影響《えいきょう》だ。大学院では、航空にも関係の深い流体力学を研究。当時、日本では国産ジェット旅客機の開発が進められており、航空機メーカーへの就職も考えた。しかし大学の先輩《せんぱい》がＡＮＡにグローバルスタッフ職（技術）として入社したことで、航空機を作る側（メーカー）だけでなく使う側（航空会社）にもエンジニアの仕事があることを知り興味をもった。

ＡＮＡのグローバルスタッフ職はいわゆる総合職のことで、「事務」と「技術」の二つのコースがある。事務系は、オペレーションをはじめとしてビジネス・マーケティングなど、幅広《はばひろ》い領域においてＡＮＡグループのマネジメントを担う。それに対して技術系は、安全を担う航空技術のプロフェッショナルとして、整備部門を中心に活躍《かつやく》する。その業務は、整備計画の策定や航空機の構造・機能・性能に関する技術的方針の決定、航空機部品の調達・管理など多岐《たき》にわたるが、技術的な知識や経験を活かして経営企画《きかく》やマーケティングなどの業務に就くこともある。ちなみに２０１３年から２０１７年まで社長を務めた篠辺《しのべ》修《おさむ》さんも技術系の出身であり、航空整備士としての経験もある。

また過去においては、ＡＮＡはボーイング７７７やボーイング７８７といった旅客機の開発にも参加した。ボーイングは世界最大級の旅客機メーカーだが、自分たちでは旅客機を運航していないため、実際に乗客を乗せて運航する場合の使い勝手のよさや悪さはわからない。そこでボーイング７７７を開発する時には、主要航空会社に「共に開発しよう（ワーキング・トゥギャザー）」と参加を呼びかけたのである。この時に参加した航空会社はＡＮＡを含《ふく》む８社だったが、続くボーイング７８７ではＡＮＡは世界ではじめて発注した航空会社として、より深く開発にかかわることになった。そこで中心となって活躍《かつやく》したのも、やはり技術系スタッフたちだった。

ＡＮＡのグローバルスタッフ職（技術）は大学や大学院で理系を専攻《せんこう》した学生から採用されているが、入社するとまずは航空整備士として整備の現場に配属される。これは「現場を重視する」というＡＮＡのポリシーによるもので、技術系だけでなく事務系のスタッフも空港のグランドスタッフなどとして現場

現場で経験を積んだあとはさまざまな部署での活躍を期待されている

経験を積む。いずれも決して生やさしい仕事ではないが、だからこそ現場を知らずしてマネジメントを担うことはできない。

「現場で経験を積めるというのもANAを志望した理由のひとつですし、現場を大切にするという姿勢もANAの魅力《みりょく》です」

チームワークと責任感

現場重視という姿勢に共感した福島さんだが、実は航空整備という仕事についてはほとんど知識はなかったという。

「ただし入社すると工具の使い方からていねいに教育されるので、事前の専門知識などは必要ありません。最初の3カ月ほどは同期入社のe．TEAM ANA各社の新人整備士たちとともに基礎《きそ》訓練を受け、その後は各社の業務内容に応じてより専門的な訓練を受けることになります。私が配属されることになったのはドック整備です。そして全員で、最初の社内資格であるG1の取得をめざしました」

航空機の整備には、作業ごとに従事できる資格が決められている。国家資格の一等航空整備士のほかにもANAは社内資格をいくつか設けており、G1はその第一歩である。

「また基礎《きそ》訓練では、整備のための技術や知識のほかにも多くのことを学びました。たとえばチームワークです」

同期入社の社員には、すでに航空専門学校で整備について学んでいた人も多くいた。そうした仲間は、わからないことがあっても親身になって教えてくれた。巨大《きょだい》な旅客機の整備は一人では行うことができない。だからチーム全体としての総合力を高めなくてはという使命感もあっただろう。しかし、その惜《お》しみなさには同じANAグループの安全を担う仲間として、一人も落伍者《らくごしゃ》をだすことなく全員でG1に合格しようという強い仲間意識が感じられた。

「そうした熱意に支えられながら、早く自分もみんなの役に立てるようになりたいという気持ちになりました」

もうひとつ福島さんが感じたのは、整備という仕事のメンタル面でのプレッシャー、つまり精神的重圧の大きさだ。

「整備士が航空機の安全を、つまりお客さまの命を預かる仕事だということは、もちろん頭では理解していました。しかし実際に現場で作業をするようになると、その重圧は想像をはるかに上回るものでした。自分の小さなミスでも事故に結びつく危険がある。その現

一等航空整備士となり、機体のあらゆる部分の仕組みを熟知した

実に、怖《こわ》さを感じるほど大きなプレッシャーを感じました」

だが、それを克服《こくふく》するのは怖《こわ》さを忘れることではない。むしろ怖《こわ》さを忘れることなく重圧を真正面から受け止めて、さらに不安を感じる余地《よち》がないほどに確実に作業をしていくしかない。

「生半可な気持ちで務まる仕事ではないなと、身が引き締《し》まりました」

常に挑戦《ちょうせん》することがANA精神

福島さんは航空整備士としてではなく、グローバルスタッフ職として入社した。航空整備士としての業務は、いわば将来のための土台づくりである。グローバルスタッフ職は、いずれは現場を離《はな》れてさまざまなフィールドで活躍《かつやく》することが期待されている。つまり、航空整備士でいられる時間は限られている。実際に、入社3年目に入ったタイミングで他部署への異動の打診《だしん》はあったが、福島さんはもう少し現場に残ることを希望した。

「現場での経験の一つひとつが、自分の大きな糧《かて》になっているという手応えを感じていました。そして現場には、まだまだ学ぶべきことがたくさんあります。それを、もっと多く経験し整備士として一人前になりたいと思いました」

また、国家資格である一等航空整備士を取得したいという気持ちもあった。その受験には4年間の実務経験が必要だが、専門学校出身者は在学中から実務経験として認められるため、同期入社の福島さんよりも1年早く挑《ちょう》戦《せん》できた。

一等航空整備士は、合格すれば「飛行機の中が隅々《すみずみ》まで透《す》けて見えるようになる」ともいわれる。もちろん実際に中が透《す》けて見えるようになるわけではないが、そこがどういう構造になっており、どんな装置《そうち》が入っており、どのように機能しているかということが手にとるようにわかるようになるという。ただし、そうなるまでに勉強しなくてはならない知識は膨大《ぼうだい》であり、試験も難関だ。

「e.TEAM ANAの仲間たちが試験に向けてがんばっている姿、そして資格取得後に大きな自信を得て輝いている姿を見て、素直にかっこいいなと思いました。一等航空整備士になると法的にも担当できる仕事が増えて責任も重くなりますが、見える世界も大きく広がるはずです。自分も、そんな世界を見てみたいと思いました」

翌年、福島さんも見事に一等航空整備士試

験に合格したが、それで満足することなく日々新しい業務に挑戦《ちょうせん》している。

「グローバルスタッフ職は、将来従事することになる技術スタッフとしての仕事についての講習を受け、そのためには現場でどのような経験をしておく必要があるかといったことも学びます。なかにはまだ自分の経験したことのない仕事も多いため、そうした仕事を担当する先輩《せんぱい》整備士を見つけてはチームに加えてもらったり、自分にやらせてほしいと働きかけたりしています。そしてANAには、そうした若手の挑戦《ちょうせん》を歓迎《かんげい》し、しっかり見守りながらやらせてみようという気風があります」

時には、まだ無理かなということを承知で挑戦《ちょうせん》させてみることもあるそうだが、思い通りにいかないことも含《ふく》めて大きな経験であり、成長の糧《かて》となる。

「ANAがこれほど発展できたのも、先輩《せんぱい》たちのそうした挑戦《ちょうせん》の結果であるということも、私が現場で身をもって学んだことのひとつです」

この先、福島さんがどんな業務に就くことになっても、現場で学んだチームワークや挑《ちょう》戦《せん》の姿勢、そして安全に対する徹底的《てっていてき》なこだわりは変わることがないだろう。

ドキュメント 3 ヘリコプターの航空整備

多彩な活躍をするヘリコプター整備士の仕事も幅広く奥深い

朝日航洋《あさひこうよう》 東日本航空支社《ひがしにほんこうくうししゃ》
整備部
伊澤孝美《いざわたかみ》さん

伊澤さんの歩んだ道のり

1977年生まれ、和歌山《わかやま》県出身。高校時代に関西《かんさい》国際空港が開港し、将来は空港で働いてみたいと思うようになった。空港での仕事を調べた時に、興味をもったのが航空整備士。すでに大学受験には合格していたが、ぎりぎりになって航空専門学校に進路を変更《へんこう》。ただし、まだ募集《ぼしゅう》を受けつけていたのはヘリコプターコースだけだったというのが人生の大きな岐路《きろ》になった。

自由自在な飛び方ができるヘリコプター

飛行機は「空を飛びたい」という人類の夢《ゆめ》を実現した。しかし飛行機は長い滑走路《かっそうろ》がなければ、つまり飛行場からしか飛ぶことができない。それに対してヘリコプターは滑走路《かっそうろ》を必要としないから、ちょっとした空き地くらいの広さがあれば飛ぶことができる。そして前進飛行や左右への旋回《せんかい》はもちろん、空中で一カ所にとどまったり、さらには後進したりと、自由自在な飛び方ができる。そうした特性を活かして、人員輸送や物資輸送、人命救助や救急医療《いりょう》、報道、パトロールなどさまざまな用途で活躍《かつやく》している。

大手ヘリコプター運航会社の朝日航洋は、1955年に設立された。その翌年には、黒部《くろべ》第四ダムの建設において本格的物資輸送を実施《じっし》している。山間部の工事では、まずは現場までの道路から建設しなければならないため費用も時間もかかる。しかしヘリコプターならば道がなくても現場に直行できるし、着陸できる場所がなくてもワイヤーで吊《つ》り下げた荷物を正確に降ろすことができる。

そうした特性を活かして、1964年には富士《ふじ》山頂への気象レーダードームの設置にも成功した。富士山頂は空気が薄《うす》いためヘリコプターの性能は低下してしまうし、気流も悪い。そうした中で巨大《きょだい》なレーダードームの設置に成功したのは大変な快挙といえた。このように朝日航洋はヘリコプターの可能性を切り拓《ひら》いてきたが、現在ではビジネスジェットの運航や整備事業、訓練事業、グループ全体としてエアラインパイロットの養成事業なども行っている。

機体整備だけではない多彩《たさい》な仕事

伊澤孝美さんは1997年に朝日航洋に入社し、ヘリコプター整備一筋に歩んできた。だが、もともとヘリコプターの整備士を志望していたわけではないという。

「高校時代は大学進学を考え、入試にも合格していました。具体的に将来像をイメージしていたわけではありません。数学が得意だったので理系学部を選び、大学にいるあいだに何かやりたいことが見つかればいいくらいに漠然《ばくぜん》と考えていました。しかし、そんな生半可な気持ちで大学に進むよりは、早くから目標を定めて手に職をつけたほうがいいのではないか。そんな時に専門学校の資料で知ったのが航空整備士という仕事でした」

もともと乗り物は好きだった。また高校時代には関西国際空港が開港し、こんなところで働く仕事もいいなと感じていた。ただし大学受験の結果も出たあとの、ぎりぎりのタイミングだ。専門学校に問い合わせると、飛行機コースはすでに定員に達しており、これから入学できるのはヘリコプターコースのみという。

「もし飛行機コースに辞退者が出れば途中《とちゅう》で変更《へんこう》も可能と言われて、とりあえずヘリコプターコースに入学しました」

つまり、入学の段階ではヘリコプターは本命ではなかった。好きとか嫌《きら》いとかではなく、ヘリコプターのことをよく知らなかったからだ。

しかし専門学校で学ぶうちに、伊澤さんはヘリコプターのおもしろさにのめり込《こ》んだ。自由自在に飛ぶための、複雑で精密なメカニ

整備士は、操縦しないがコクピットのシステムにも精通する必要がある

ズム。また長くヘリコプター整備士を務めたという教員の経験談には、さらに興味をかきたてられた。

飛行機は飛行場からしか飛べないから、整備も飛行場で行う。しかし、どんなところからでも飛べるヘリコプターは、どんなところでも整備をしなくてはならない。本拠地《ほんきょち》となるのは飛行場やヘリポートにしても、時にはパイロットと整備士がペアを組んで、何日にもわたって地方を飛び回ることもある。さながら空の旅人、遊牧民のようだといえばロマンチックなイメージもあるが、本拠地《ほんきょち》から遠く離《はな》れた場所でヘリコプターの安全を任される整備士の責任は重い。

また地方の観光地などでは、遊覧飛行を行うこともある。そんな時には整備士は機体の調子を見るだけではなく、乗客の誘導《ゆうどう》や安全確保などにもあたる。あるいは物資輸送の時には、その荷掛《にか》け（玉掛《たまか》け）作業も担当する。つまり「あらゆることをやらなくてはならない」し、「あらゆることができる」のがヘリコプター整備士なのだ。

航空整備士は人命を預かる仕事

もちろん、最初からいろいろな仕事ができるわけではない。まずは資格を取って一人前のヘリコプター整備士になることが大前提だ。

朝日航洋に入社した伊澤さんは、大阪《おおさか》・八尾《やお》空港に1991年に開設された川越《かわごえ》メンテナンスセンター大阪分室に配属された。ヘリコプターの整備には、日常の運航にともなう運航整備と、自動車の車検に相当する耐空《たいくう》検査など定期的に行う工場整備とがある。工場整備では何日か、時には何週間にもわたって徹《てっ》底的《ていてき》な作業を行うが、朝日航洋は自社のヘリコプターだけでなく官公庁のヘリコプターの工場整備も請け負《う》っている。その西日本の拠《きょ》点《てん》として、川越メンテナンスセンター大阪分室を開設したのである。

「川越メンテナンスセンター大阪分室では、専門学校時代にもインターンシップで整備実習をした経験がありました。ですから仕事内容や職場の雰囲気《ふんいき》もわかっていましたし、職場の先輩《せんぱい》も『採用試験を受けるならがんばれよ』と言ってくれました」

ただし、インターンシップは採用を約束《やくそく》してくれるものではない。採用面接では厳しい質問も相次いで冷や汗《あせ》をかいたという。ちなみに専門学校には在学中に整備士の国家資格を取得できるところもあるが、伊澤さんが卒業した専門学校にはそうした制度はなかった。

東京ヘリポートの格納庫で整備中の部品の検査を行う伊澤さん

「今採用する側の立場になってみると、資格があってもなくてもさらに社内で訓練や実務経験を重ねさせなくてはならないのは同じです。資格を取るためにしてきた勉強や努力は評価しますが、さらに重要なのは人間性です。この人とならばいっしょに働きたいか、大切なヘリコプターと乗組員の生命を預けることができると思えるかどうか」

使いやすいヘリコプターに育てる

ヘリコプターは年間を通して飛ぶものだが、当時、薬剤《やくざい》の空中散布など特に忙《いそが》しくなるのは夏だった。そのため工場整備では、繁忙期《はんぼうき》に一機でも多くのヘリコプターを飛ばせるように作業スケジュールを組む。言いかえれば繁忙期《はんぼうき》に入ってしまうと工場整備には余裕《よゆう》ができるので、伊澤さんも運航整備の応援《おうえん》に出されることが多くなった。特に中型や大型のヘリコプターでは、その機体の整備責任者である機付長のほか、第二、第三の整備士が乗り組んで任務にあたることが多い。そこでまず第三整備士として、そして第二整備士としてさまざまな業務を手伝いながら仕事を覚える。機体整備や燃料補給、荷物の用意や搭載《とうさい》、安全確認はもちろん、パイロットやほかの乗組員との連携《れんけい》の取り方、遠征《えんせい》先での人たちとの調整や誘導《ゆうどう》など、学ぶべきことは多い。

「山奥《やまおく》に高圧送電線の鉄塔《てっとう》を建てる工事などもありました。土台を固めるコンクリートもヘリコプターで運びます。ただしコンクリートは水と混ぜると硬化《こうか》が始まりますから、現場近くの生コンプラントでつくられたコンクリートをミキサー車で臨時の場外ヘリポートに運び、それを運搬《うんぱん》用バケットを使ってヘリコプターで運びます。そうした作業も整備士の仕事になります」

　本音をいえば、大好きなヘリコプターをずっといじっていたいという気持ちもあったというが、ヘリコプターが現場でどのような使われ方をされるのかを身をもって学ぶことは、工場整備をするうえでも貴重な経験といえた。さらに、「ここはちょっと使いにくいな」という気付きが、ヘリコプターの改良につながることもあるという。

　ヘリコプターは多彩《たさい》な仕事を行うため、車でたとえると工場から出荷された「新車」のまま使うということは滅多になく、すべてオーダーメイドの「改造車」のようなものとなっている。たとえばテレビ局で使われる報道機には、振動《しんどう》を打ち消して高画質な映像を撮《さつ》影《えい》するためのカメラや、その映像を地上に送るための装置《そうち》が搭載《とうさい》される。ほかにも空中測量用の装置《そうち》や薬剤《やくざい》散布のための装置《そうち》を取りつけたりと、さまざまだ。そして、こうした改造作業にも資格を保持した整備士や航空局の承認が必要になる。万が一にでも装置《そうち》が落下しようものなら地上に被害《ひがい》がおよぶし、ヘリコプター自体も危険に陥《おちい》る可能性があるから、そうしたことがないようにしっかりと設計・製作・試験をして航空局の検査による承認を得ることで安全性を担保している。

「もちろん、使いやすさも大切です。メーカーはヘリコプターを作るプロですが、実際に運航しているわけではありません。しかし私たちには、長くヘリコプターを運航してきたノウハウがあります。現場での使いやすさや整備のしやすさなどを熟知したうえで、ヘリコプターをより使いやすく育てていくことができる。それもヘリコプター整備士の仕事の醍醐味《だいごみ》のひとつです」

薬剤タンクをつけたヘリコプター。こうした改造も整備士の仕事だ

さらに広がるヘリコプターの世界

ヘリコプター整備士の業務は、担当する

（資格を取った）機種によってさまざまに変わるというのも特徴《とくちょう》のひとつだろう。旅客機の整備士にも機種ごとの資格があるが、仕事の内容に大きな違《ちが》いはない。しかしヘリコプター整備士は運航にも深くかかわることがあるので、取得する資格ごとに業務内容が大きく変わってくるのだ。

一般《いっぱん》に、新人はまず小型機の資格を取り運航整備を担当する。小型機は送電線パトロール（山間部に張りめぐらされた送電線に異常がないかを空から点検する）や遊覧飛行、空撮・調査飛行などを担当することが多いが、中型機になると人員輸送や物資輸送、防災ヘリコプターなどの業務も加わり、さらに大型機では重量物の輸送なども行うようになる。

「私はベル２０６という小型ヘリコプターからスタートしましたが、その後はＡＳ３５０や中型機のベル４１２、同じ小型機ながら世界トップクラスの高速性能を誇《ほこ》るイタリアのアグスタＡ１０９、さらに大きなＡＷ１３９の資格なども取得しました」

アグスタＡ１０９についてはイタリアで訓練を受けたので語学でも苦労したが、そうしたことも含《ふく》めてよい経験になっている。ヘリコプター整備士の世界がこれほど広く奥深《おくぶか》いものであるということは、実際に身を置いてみるまで想像もしなかった。しかも学ばなくてはならないことは多く、今も勉強の毎日だ。

「私は高校卒業間際になってから進路を変更《へんこう》し、しかもぎりぎりのタイミングだったので専門学校の飛行機コースではなくヘリコプターコースに入学しました。いい加減なようですが、あまり先入観をもっていなかったからこそヘリコプターのすごさに素直に感動できましたし、ずっと熱中できたのかもしれません。子どものころから航空整備士をめざし、明確なイメージを固めていたならば、大きなギャップを感じていたかもしれませんね」

今、伊澤さんは整備部の副部長として、みずから整備作業を行う機会は少なくなっている。だが長い現場経験があるからこそ整備士

工事車両の入れない山間部の工事でも活躍している
取材先提供

たちが仕事をしやすく、より安全に作業や運航ができるように考えることができる。

「近年ではドローンや無人航空機が急速に進歩しており、かつてはヘリコプターで行っていた農薬散布も無人機が行うことが増えています。しかし、こうした無人機でも安全性を第一に、経済性や効率性などが求められるのは有人機と同じです。有人機の運航にまったく携《たずさ》わったことなしに、無人機の運航はできないでしょう。そうした意味では、私たちが築き上げてきた膨大《ぼうだい》なノウハウは、新しい時代に向けても大きな武器になると思いますし、整備士としての仕事はまだまだ広がっていくと思います」

2章

航空整備士の世界

航空機の発展は、より速くより高くより安全に

航空機は空を飛ぶ乗り物の総称《そうしょう》

空を飛ぶ乗り物には、飛行機やヘリコプター、グライダーや飛行船など、さまざまなものがある。これらをまとめて航空機という。つまり飛行機やヘリコプターなどは、すべて航空機の一種ということだ。そして航空整備士は、こうした航空機が安全に飛べるように点検し、故障や不具合があれば直す仕事である。

航空機のうちいちばん古い歴史をもつのは、空気よりも軽い気体の浮力《ふりょく》で飛ぶ気球だ。1783年（日本《にほん》では江戸時代）にフランスのモンゴルフィエ兄弟が熱した空気で飛ぶ熱気球を、その約2カ月後には同じくフランスのシャルルが水素を使ったガス気球を発明した。ただし、気球は風任せに流されるしかない。エンジンをつければ好きな方向に飛んで

飛行機よりも長い歴史をもつ飛行船も航空機の仲間だ

行ける飛行船ができるが、軽くてパワーのあるエンジンがなかなか開発できなかった。なにしろ気球が発明されたのは、ガソリンエンジンを使った自動車が登場するよりも約100年も昔《むかし》のことである。ようやく1900年には有名なドイツのツェッペリン飛行船の1号船が飛んだが、そのわずか3年後にはアメリカのライト兄弟が飛行船よりも自由に飛べる飛行機を発明した。

飛行機は、固定された翼《つばさ》（主翼《しゅよく》）とエンジンで飛ぶ航空機だ。たとえば大勢の乗客を乗せて飛ぶ旅客機や遊覧飛行などで使われる軽飛行機、自衛隊で使われている戦闘《せんとう》機などは、いずれも飛行機だ。ライト兄弟の最初の飛行はわずか12秒間で37メートルを飛んだにすぎなかったが、その6年後の

1909年には、フランスのブレリオがドーバー海峡《かいきょう》で隔《へだ》てられたイギリスまで飛ぶことに成功した。このように海や山があっても、また道路や線路で結ばれていなくても、目的地に直行できるのが飛行機の強みである。

また、エンジンがない航空機はグライダー（滑空機《かっくうき》）という。ライト兄弟も、飛行機を作る前には何度もグライダーを作って試験をくり返した。エンジンがないので平地では自力で離陸《りりく》できないが、ライト兄弟は海岸沿いの砂丘を使って、くり返し滑空《かっくう》試験を行った。現代のグライダーは主にスポーツ用途《ようと》で使われており、ほかの飛行機やウインチで引っ張って離陸《りりく》させる。高性能グライダーならば、上昇《じょうしょう》気流をつかめば何十キロメートルでも何百キロメートルでも飛ぶことができる。

固定された翼《つばさ》ではなく、回転する翼《つばさ》（ローター）を使って飛ぶのはヘリコプターだ。翼は風を受けることで飛ぶための力（揚力《ようりょく》）を発生するが、飛行機は必要な風を受けるために滑走《かっそう》路での助走が必要だ。しかしヘリコプターは、その場にとどまったまま翼《つばさ》を回転することで風を受けられるため、滑走《かっそう》路なしで飛んだり空中で停止することができる。

ちなみにハンググライダーやパラグライダーも、人を乗せて空を飛べるという点では航空機の一種といえるが、日本の法律では航空機に含《ふく》まれない。また気球も法的には航空機扱《あつか》いされていない。そのため航空機に必要とされている国家資格としての操縦免許《めんきょ》は必要

エンジンなしでも飛べるグライダーの整備にも国家資格が必要になる

なく（ただし民間団体による資格制度はある）、点検や整備もパイロットやメーカーが自主的に行っている。それに対して法的に航空機とされている飛行機、グライダー、ヘリコプター、そして飛行船を飛ばすには国家資格の免《めん》許《きょ》が必要であり、法律に基づいた整備が義務づけられている。そうした整備も、国家資格をもった航空整備士によって行われなくてはならないというのが「法的には航空機ではない航空機」との違《ちが》いである。

旅客機の事故率は自動車よりも低い

ライト兄弟の初飛行から約10年後に、第一次世界大戦が勃《ぼっ》発《ぱつ》した。飛行機を使って上から見れば物《もの》陰《かげ》に隠《かく》れている敵を発見することもできるから、有利に戦いを進めることができる。場合によっては、空から爆弾《ばくだん》を落とすことだってできるだろう。一方で、そんな敵の飛行機を撃退《げきたい》するための飛行機（戦闘機《せんとうき》）も作られるようになった。命を懸《か》けた技術競争で飛行機の性能は向上し、いくつもの航空機メーカーが生まれ、それを飛ばすために多くのパイロットや航空整備士が養成された。そして戦争が終わって平和な時代がやってくると、航空機メーカーやパイロット、航空整備士たちは郵便や乗客を運ぶ航空事業に力を入れるようになった。

ただし初期の飛行機はまだ未熟で、故障もしやすかったし、天気が悪いと飛ぶことができなかった。現代の飛行機は、外が見えなくても正しい姿勢を保って、正しい方向に飛んでいくための装置《そうち》を備えているが、昔《むかし》はパイロットの目と簡単な方位磁石だけが頼《たよ》りだった。雲に入れば自分の位置や姿勢がわからなくなり、山や地面に激突《げきとつ》してしまうこともあった。しかし、それでは交通機関としては失格である。多くの人は、そんな危険で頼《たよ》りない乗り物よりは、時間はかかっても安全で確実に着ける列車や船を選ぶだろう。

そこで航空機メーカーは、スピードや飛行距離《きより》だけでなく、安全性の向上にも力を入れた。事故が起きれば、そのたびに原因が究明されて対策が施《ほどこ》された。その結果、現代の旅客機はとても安全な乗り物になり、死亡事故にあう確率は０・０００９パーセント程度まで下がっている。これは自動車で死亡事故にあう確率よりもずっと低く、「旅客機に乗っ

郵便輸送に活躍するようになったころの飛行機。ヨーロッパとアフリカを結んだ

ている時よりも、空港まで行く車に乗っている時のほうが事故にあう確率は高い」といわれるほどだ。

航空機を安全に飛ばすための努力

航空機、とりわけ旅客機が安全になった理由はいくつかある。旅客機を操縦するパイロットになるためには何年もの厳しい訓練が必要で、しかも免許《めんきょ》を取ったあとも半年ごとに審査《しんさ》を受けて合格しなくてはならない。厳しい身体検査も毎年必要で、それに合格しなければ乗務を続けることができない。

旅客機自体も、安全を第一に考えて作られている。たとえばすべての旅客機はエンジンを二つ以上装備《そうび》しているが、これはひとつではパワーが足りないからではなく、ひとつが故障しても飛べるようにするためだ。タイヤも2本ずつセットになっているし、客室の窓も二重になっている。タイヤが1本パンクしても、あるいは窓が1枚破れてしまっても、安全に飛べるように作られているわけだ。乗客の目にはふれない部分でも、舵《かじ》を動かすための油圧装置《そうち》やコンピューターなども、すべて何重にも装備《そうび》されている。

しかし、いくら飛行機が壊《こわ》れにくく、また一部が壊《こわ》れてもだいじょうぶなように作られているとしても、それだけでは十分とはいえない。そこで大切になるのが整備だ。フライトのたびに各部に異常がないかを点検し、悪い部分があれば修理し、さらには決められた時間ごとに部品を交換《こうかん》する。旅客機の高い安全性は、このようにしっかりとした整備が行われることを前提に保たれている。それを支えるのが航空整備士なのである。

航空整備士が活躍するところ

航空会社や使用事業会社が主整備専門会社やメーカーもある

日本の航空会社は20社以上

航空整備士になるということは、簡単にいえば航空機を運航している会社や整備会社に就職するということだ。小型機にはフリーランスの航空整備士がいないわけではないが、そうした人も最初は会社に入って知識や技術をみがいたうえで独立したのだから、若い人が最初からめざせるものではない。

航空機を運航している会社には、乗客や貨物を運ぶ運送事業会社（いわゆる航空会社）と、訓練や遊覧、測量などさまざまな事業を行う使用事業会社がある。このうち航空会社は、日本には20社以上ある。おそらくふつうの人が考えるよりもずっと多い数だろう。つまり、あまり広く知られていない航空会社がいくつもある。

たとえば規模が小さく運航エリアが限られた航空会社には、地元はともかく全国レベルでは知名度が低いものが多い。そうした航空会社（たとえば小型旅客機5機以下）としては、熊本《くまもと》県天草《あまくさ》空港を拠点《きょてん》にする天草エアライン（AMX）、長崎《ながさき》空港を拠点《きょてん》に離島《りとう》路線を運航するオリエンタルエアブリッジ（ORC）、沖縄《おきなわ》県那覇《なは》空港と粟国《あぐに》空港を結んでいる第一《だいいち》航空《こうくう》、東京《とうきょう》の調布《ちょうふ》飛行場と伊豆《いず》諸島の4島を結んでいる新中央《しんちゅうおう》航空《こうくう》、東京愛《とうきょうあい》らんどシャトルとして伊豆諸島の空港がない島にヘリコプターで定期便を運航している東邦航《とうほうこう》空《くう》、札幌丘珠《さっぽろおかだま》空港から北海道《ほっかいどう》内路線を中心に運航している北海道エアシステム（HAC）、沖縄県内の離島《りとう》を結ぶ琉球《りゅうきゅう》エアーコミューター（RAC）がある。これだけで7社になるが、すべて知っていたという人はあまり多くないのではないだろうか。

グループ航空会社と独立系航空会社

日本の航空会社の数がふつうの人が考えるよりも多いもうひとつの理由は、JALやANAのグループ航空会社の存在だ。こうした航空会社は、いずれもほぼ同じ色の旅客機に、ほぼ同じ制服（たとえばスカーフの色だけ違《ちが》うなど）を着た客室乗務員が乗務し、便名にもJALやANAと冠《かん》されている。しかもグループ航空会社の予約や発券もJALやANAが一括《いっかつ》して行っているから、利用者は別の航空会社であると意識することなく利用でき

尾翼マークが同じでも独立しているグループ会社。採用も別々に行われる

る。ただし航空整備士としての採用は別々に行われているので、就職を希望する人はしっかりと分けて考えたほうがいいだろう。

こうしたグループ航空会社としては、ＪＡＬグループには先ほどもあげた北海道エアシステムや琉球エアーコミューターに加えて、大阪《おおさか》・伊丹《いたみ》空港を拠点《きょてん》に小型ジェット旅客機を運航するジェイエア、那覇空港を拠点《きょてん》とする日本《にほん》トランスオーシャン航空《こうくう》（ＪＴＡ）、鹿児島《かごしま》空港を拠《きょ》点《てん》とする日本《にほん》エアコミューター（ＪＡＣ）がある。

ＡＮＡグループにも、やはり同じ機体塗装《とそう》、同じ制服、同じＡＮＡ便名で運航するＡＮＡウイングスとエアージャパン

日本には20社以上の航空会社があり、それぞれで航空整備士が活躍している

がある。ＡＮＡウイングスはターボプロップ機のボンバルディアＤＨＣ８Ｑ４００を24機運航しているほか、ジェット旅客機のボーイング７３７を39機運航しているが、このうちボーイング７３７はＡＮＡとの共同運航機材なので、実際にその便がＡＮＡによって運航されているのかＡＮＡウイングスによって運航されているのかはほぼわからない。ボーイング７６７やボーイング７８７を運航するエアージャパンも同様で、路線によって役割分担はされているものの、乗客は航空会社の違《ちが》いを意識することはないだろう。ただし２０２４年からエアージャパンはまったく新しいブランドの航空会社としてのサービスも開始するので、従来通り

のＡＮＡスタイルでの運航とエアージャパン独自のスタイルの運航の２本立てとなる。

ちなみにＪＡＬグループやＡＮＡグループでも、まったく別の機体塗装《とそう》やサービス、料金体系で運航する航空会社もある。それはＬＣＣ（低コスト航空会社）で、運賃を安くする代わりに機内食や手荷物委託《いたく》などといったサービスの多くを有料化しているのが特徴《とくちょう》だ。ＪＡＬグループのＬＣＣとしてはジェットスター・ジャパン、スプリング・ジャパン、そしてジップエア トーキョーがあり、ＡＮＡグループのＬＣＣとしてはピーチ・アビエーションがある。エアージャパンの新サービスもＬＣＣに近いものになる予定だ。またＬＣＣ以外では、貨物輸送専門の日本貨物航空《にっぽんかもつこうくう》（ＮＣＡ）が２０２４年からＡＮＡグループに加わる。ＡＮＡは独自に「ＡＮＡカーゴ」というブランドで航空貨物事業を展開してきたが、それをさらに強化するために日本貨物航空を買収したのである。

ＪＡＬグループでもＡＮＡグループでもない独立系航空会社としては、日本第３位の航空会社であるスカイマーク、北海道を中心に路線を広げているエア・ドゥ、本社を宮崎《みやざき》空港に置き九州と沖縄に路線を充実《じゅうじつ》させているソラシドエア、福岡《ふくおか》県北九州《きたきゅうしゅう》空港に本社を置くスターフライヤー、宮城《みやぎ》県の仙台《せんだい》空港を拠点《きょてん》とするアイベックスエアラインズ、静岡《しずおか》空港と愛知《あいち》県の県営名古屋《なごや》（小牧《こまき》）空港を拠点《きょてん》とするフジドリームエアラインズ（ＦＤＡ）、新潟《にいがた》空港を拠点《きょてん》に２０２３年に誕生《たんじょう》したばかりのトキエアがある。先ほどあげた天草エアラインや新中央航空、第一航空、オリエンタルエアブリッジも独立系航空会社だ。

整備専門会社と技術系総合職

航空会社はどこも整備部門をもっているので、そこに入社することで航空整備士への道が開かれる。ただし、ＪＡＬやＡＮＡはグループ内に整備専門会社を独立させているので、そちらに入社するのが基本になる。

ＪＡＬグループの整備会社はＪＡＬエンジニアリングで、ドック整備からライン整備、エンジン整備やショップ整備（65ページ参照）などを網羅《もうら》した総合的な航空整備会社となっている。それに対してＡＮＡグループは業務内容に応じて別々の整備会社を設立しており、ドック整備を担当するＡＮＡベースメンテナンステクニクス、ライン整備を担当するＡＮＡラインメンテナンステクニクス、エンジン整備を担当するＡＮＡエンジンテクニクス、ショップ整備を担当するＡＮＡコンポーネントテクニクス、整備サポートを担当するＡＮＡエアロサプライシステムに分けられている。別会社とはいえ、これらは同じくＡＮＡグループの安全を支える「e．ＴＥＡＭ ＡＮＡ」として密接に協力しており、新入社員研修でも各社の社員が机を並《なら》べて教育を受けている。

ＪＡＬグループやＡＮＡグループの航空整備士の募集《ぼしゅう》はこれら整備専門会社が行ってい

るが、実際にはJALやANAにも航空整備士やその経験者はいる。これは技術系総合職（JALは業務企画《きかく》職、ANAはグローバルスタッフ職と呼んでいる）の人たちで、整備計画を作ったり、航空機の構造や機能・性能に関する技術的方針を決定したり、航空機部品の調達や管理を行うなど幅広《はばひろ》い業務を行うスタッフだ。こうした仕事は航空整備の業務を熟知していなくてはできないため、入社から数年間は航空整備士として現場で経験を積むことになっているのだ。

ただし技術系総合職は、ずっと航空整備の現場にいることはない。なので、あくまで航空整備の仕事がしたいという人には整備専門会社のほうが向いている。一方で航空整備の経験をもとにさまざまな仕事やマネジメントにかかわりたいという人には、技術系総合職は魅力的《みりょくてき》な選択肢《せんたくし》になるはずだ。なお技術系総合職の募集《ぼしゅう》は、航空整備士を養成する専門学校の卒業生ではなく大学や大学院で理系分野を学んだ人が対象になるので、高校卒業までに進路を定めておく必要がある。また整備専門会社に入社した場合でも、その後の人事異動でさまざまな管理部門などに配属されることもあるので、そうした仕事にも興味のある人は自分をみがくとともに積極的にアピールしていくといいだろう。

使用事業会社やメーカーなど

旅客機の整備ができるのは航空会社や航空会社系の整備会社だけではない。沖縄の那覇空港には、日本で唯一《ゆいいつ》の独立系整備専門会社MRO Japan（エムアールオージャパン）がある。ANAも出資しており、技術的にも全面的にバックアップしているため関係は深いが、ANAグループだけでなくさまざまな航空会社の旅客機の整備を行っている。ちなみにMROというのは英語の「整備・修理・オーバーホール」の頭文字を取ったもので、航空整備事業を意味する一般的《いっぱんてき》な言葉でもある。

旅客機以外の航空機の整備を行うならば、使用事業会社に就職するのが一般的《いっぱんてき》だ。飛行機といえばどうしても旅客機が花形というイメージがあるかもしれないが、巨大《きょだい》な旅客機の整備は大人数で力を合わせて行わなければならない。それに対して小型機の整備は、場合によっては自分一人ですべて行うことができるというのも魅力《みりょく》だろう。またヘリコプターの運航整備士の場合は、機体の整備を行うだけでなくパイロットとともに飛んで安全確認や搭乗《とうじょう》者の案内、貨物の吊《つ》り下げや人命救助など、さまざまな業務を行うことも多い。そうした点に、魅力《みりょく》を感じる人もいるだろう。

ちなみにヘリコプターに関しては、世界最大手メーカーのエアバス・ヘリコプターズの

神戸空港に置かれているエアバス・ヘリコプターズのアジア拠点

アジア拠点《きょてん》が神戸《こうべ》空港に置かれており、やはり大勢の航空整備士が働いている。ここではヨーロッパの工場から半完成状態で運び込《こ》まれた機体の最終組み立てや、すでに日本で飛んでいる同社機の重整備を行っている。

使用事業会社は日本に約60社あるが、ほとんどは規模が小さいため大手航空会社のように定期的に航空整備士を採用しているところは多くない。定年などによる欠員補充《ほじゅう》のみという会社もあり、募《ぼ》集《しゅう》の告知も基本的には航空専門学校などを通して行われる。興味のある人は、専門学校在学中からアンテナを張りめぐらしておくといいだろう。

また航空機メーカーやエンジンメーカ

訓練、遊覧、航空測量などを行う使用事業会社でも整備士は活躍している

ーにも航空整備士がいるが、日本ではほとんど航空機を作っていないことから、航空整備士としての採用は多くない。IHI、三菱《みつびし》重工《じゅうこう》航空《こうくう》エンジン、川崎《かわさき》重《じゅう》工業《こうぎょう》などのエンジンメーカーも完全な国産エンジンの開発実績は少ないが、海外との共同事業には積極的に参加しており、そうした技術を活かしてエンジンのMRO事業を行っている。そうした募集《ぼしゅう》も、航空専門学校を通して行われることが多い。

航空整備士の仕事

一分一秒をあらそうライン整備 時間をかけて行うドック整備

航空機の整備の基本は1年に一度の耐空《たいくう》検査

空を飛ぶ航空機は、多くの人にとっては非日常の乗り物だろう。だからその整備も特殊《とくしゅ》ではないかと考えてしまうが、実際には自動車の整備と似たところが多い。自動車では2年から3年ごと（自家用車の場合）に車検を受けなくてはならないし、さらに3カ月から1年ごとの定期点検整備と日常点検整備も義務づけられている。

航空機にも車検に相当する耐空《たいくう》証明検査（耐空《たいくう》検査あるいは耐検《たいけん》と略すことが多い）があり、これは1年に一度受けなくてはならない。定期点検整備に相当するのは、50時間点検や100時間点検（機体によって異なる）だ。自動車が月数で点検間隔《かんかく》を決めているのに対して、航空機は飛行時間で点検間隔《かんかく》を決めているのが違《ちが》いだ。

もちろん日常点検も必要で、これはパイロットが飛行前に必ず行わなければならないことになっている。自動車の日常点検には実施《じっし》のタイミングが決められておらず、特に自家用車では毎日やっているという人はほとんどいないだろう。それは走り出して異常を感じてもすぐに止めてようすを見ることができるためでもある。しかし航空機は、飛んでから異常が見つかっても簡単に止まることができないし、それ以前に離陸《りく》できずに事故を起こしてしまう危険もある。だからパイロットは、毎回の飛行前に必ず機体の点検を行うことを義務づけられている。そして異常が見つかったら、資格をもった航空整備士に点検・修理をしてもらわなくてはならない。

ただし航空機の中でも、旅客機にはこれとは違《ちが》った整備方式も認められている。本来ならば旅客機にも毎年の耐空《たいくう》証明検査が必要なのだが、その作業には数日間を要する。予備機に余裕《よゆう》があればいいが、そうでなければ欠航（運休）させなくてはならないだろう。それでは大変なので、旅客機については航空会社が一定以上の整備体制を整えていれば、1年に1回の耐空《たいくう》証明検査を行わなくてもいいことになっている。もちろんそれに代わる整備は必要になるが、それは主に飛行機が飛ばない夜間などに行うことによって運休する日を減らせるのである。

着陸のたびに表面が溶けるタイヤ、高温になったブレーキも綿密に点検するライン整備

到《とう》着《ちゃく》から出発までの時間勝負

　旅客機の整備には、ライン整備（運航整備）、ドック整備（工場整備）、ショップ整備（装備《そうび》品整備）などがある。このうちライン整備は毎日の飛行前あるいは運航の合間に機体に異常がないかをチェックするものだ。機体の外観やエンジンに異常はないか、オイル漏《も》れなどはないか、タイヤが規定以上に磨《す》り減っていたりブレーキが異常に熱くなっていないかといったことを点検し、もちろん不具合が見つかった場合には修理する。

　なにしろ旅客機は、とても過酷《かこく》な環《かん》境《きょう》で使われている。たとえばボーイング７８７の最大離陸《りりく》重量は約２５０トンもあり、タイヤは合計10本ついているから、単純計算でも一本当たり約25トンもの重さを支えなくてはならない。乗用車が2トン程度の重さを4本のタイヤで支えている（一本当たり約0・5トン）と比べると、旅客機のタイヤがいかに大きな力に耐《た》えなくてはならないかがわかる。しかも離陸《りりく》の時のスピードはレーシングカー並《な》みの時速300キロメートル近くまで達し、着陸の時には大きな衝撃《しょうげき》を受け止めなくてはならない。空港で旅客機を見ていると着地の瞬間《しゅんかん》に白煙《はくえん》が上がるが、これはタイヤ表面のゴムが瞬間的《しゅんかんてき》に溶けてしまうからだ。しかもその後は巨大《きょだい》な機体を止めるために強くブレーキをかけるから、タイヤの温度は約250℃まで上昇《じょうしょう》してしまう。これはピザが焼けるほどの高温だが、一方で上空を飛んでいる時には氷点下50℃という低温にさらされる。これほどの重量やスピード、そして温度変化などの過酷《かこく》な条件でも正常に機能させるためには、フライトごとの綿密な点検が欠かせないとわかるだろう。

しかもライン整備には、つぎの出発までの限られた時間に作業を終えなくてはならないというプレッシャーもある。つまり、常に時間との闘《たたか》いになる。たとえば国内線の場合、旅客機が到着《とうちゃく》してから出発までの時間は40分から50分程度しかないことが多い。この間に機体を点検し、不具合があった場合にはその原因と修理方法を調べ、部品を交換《こうかん》するなどして作業を終えなくてはならない。まさに一分一秒をあらそうことになる。

格納庫に入れて、数日から数週間かけて行われるドック整備

そこで最近の旅客機は、飛行中から機体の状態をコンピューターが監視《かんし》し、そのデータを地上に送信するようになっている。航空整備士はそれをチェックすることで事前に機体の状況《じょうきょう》を把握《はあく》することができ、到着《とうちゃく》前から交換《こうかん》部品や作業に必要な人員を待機させるなどして迅速《じんそく》に対応できるようにしている。

格納庫に入れて行うドック整備

日々行われるライン整備に対して、一定期間ごとに行われるのがドック整備だ。ドックというのは、格納庫（整備工場あるいはハンガーとも呼ばれる）内に設けられた整備用のスペースのことで、旅客機を囲むような足場が用意されている。

ドック整備には、A整備、C整備、そしてM整備（あるいは重整備、HMVとも呼ばれる）などがある。それぞれの整備間隔《かんかく》は航空会社や機種によって違《ちが》いがあるが、A整備はだいたい300時間から1000飛行時間ごと（おおむね1カ月ごと）に行う。ここでは主にタイヤやブレーキ、エンジンなどの状態の点検や潤滑《じゅんかつ》油の補充《ほじゅう》、作動部分への注油、油圧システムの作動油の補充《ほじゅう》など、フライトのたびに酷使《こくし》される部分が重点的にチェックされる。所要時間は8時間程度のことが多く、通常は一日のフライトが終わったあとに作業を開始し、翌朝のフライト開始までに終了《しゅうりょう》する。航空会社は飛行機を飛ばすことで収益をあげているから、整備のために地上に留め置く期間はできるだけ短くしたい。そこで航空整備士は、飛行機が飛ばない深夜から早朝にかけても作業することが多いのだ。

C整備は、国際線の旅客機ならばおおむね6000飛行時間または18カ月間のいずれか早い方、国内線の旅客機ならば3500飛行時間または18カ月間のいずれか早いほうで実施《じっし》することが多い。国内線のほうが短い飛行時間で整備を行うのは、短距離《たんきょり》路線を何度もくり返し飛んで飛行回数が増えるためだ。それだけ着陸の衝撃《しょうげき》にさらされる回数も増えるし、気圧の変化のくり返しなどによって機体にかかる負担も大きくなる。

C整備の内容はA整備よりも多岐《たき》にわたり、内部の状態が見えるように機体各部のパネルが取り外され、さまざまな装備《そうび》品に問題がないかといったことが細かくチェックされる。

作業期間は7日間から10日間程度だ。ちなみにA整備のつぎがなぜC整備なのかというと、昔《むかし》の旅客機ではあいだにB整備というのがあった。つまりドック整備はA整備、B整備、C整備というわかりやすい順番になっていた。しかし時代とともに整備方法も見直され、A整備をやや手厚くする代わりにB整備を行う必要がなくなったのである。

もっとも本格的なM整備は5年から6年ごとに行われるもので、かつてはオーバーホールと呼ばれた整備に相当する。作業期間は約1カ月におよび、機体の骨組みがむきだしになるまで分解され、古い塗装《とそう》はがされて腐食《ふしょく》（サビ）の有無なども確認される。ちなみに航空会社はときどき機体塗装《とそう》のデザインを新しくするが、すべての旅客機が新しいデザインになるまでに何年もかかるのは、わざわざ塗装《とそう》だけのために格納庫に入れるのではなく、M整備のタイミングで塗《ぬ》り替《か》えるためである。

深い専門知識が求められるショップ整備

航空用部品には、修理や再生をして何度も使われるものが多い。たとえばタイヤは、表面が磨《す》り減ってきたならば再生して使われる。磨《す》り減った表面を削《けず》り取ったうえで、新しい表面を張りつけるのである。これは旅客機用のタイヤが非常に高価であることと、寿《じゅ》命《みょう》が短いためである（バイアスタイヤで２００回程度、ラジアルタイヤで３５０回程度の

旅客機から降ろしたエンジンを部品単位まで分解して点検するエンジン整備

離着陸で交換《こうかん》)。ただし再生できる回数は限られており、バイアスタイヤの場合は6回、ラジアルタイヤの場合には3回程度で廃棄《はいき》される。

タイヤの再生はタイヤメーカーに送って行われるが、JALグループやANAグループでは、エンジンやランディングギア、電子機器などの装備品《そうび》も自社で修理・再生できる専門の整備工場をもっている。こうした整備をショップ整備という。

ショップ整備の内容は装備品《そうび》の種類によって異なるが、いずれもライン整備やドック整備よりも深い専門知識や技術が要求される。特に最近の旅客機では、不具合のあった装備品《そうび》はその場で修理するのではなくコンポーネントごと交換《こうかん》してしまうことが多い。つまりライン整備やドック整備では、どのコンポーネントが不具合の原因であるのかをつきとめ、正常なコンポーネントと交換《こうかん》して正しく機能することを確認すればよい。しかしショップ整備では、こうして取り外されたコンポーネントの不具合を確認し、原因を調べたうえで修理を行い、再び使用できるようにする。

とはいえ、こうした装備《そうび》品の整備までを自分たちで行うためには、大規模な設備や費用がかかる。専門の航空整備士を育成するだけでなく、たとえば整備した油圧装置《そうち》が正常に働くかどうかを調べるための装置《そうち》が必要だ。さまざまな電子機器のなかには、単体では異常がないのにほかの機器と組み合わせると不具合が発生するというケースもあるので、実際に飛んでいるような状況《じょうきょう》を模擬《もぎ》できるような装置《そうち》も使われている。そうした設備を整え、しっかりとした整備ができるのは世界的にも規模の大きな会社に限られている。

航空整備士とともに働く人たち

多くの人が協力して飛ばす航空会社は専門家の集団だ

安全をめざすという気持ちは同じ

旅客機が安全に飛べるようにするのは航空整備士だが、航空整備士が旅客機を操縦するわけではない。旅客機を操縦するのはパイロットだが、パイロットだけでも旅客機を飛ばすことはできない。さらに乗客を乗せる場合には客室乗務員が必要だし、貨物の積み下ろしなどにはグランドハンドリングスタッフの力が必要だ。このようにたくさんの人が力を合わせなくては飛ばせないのが旅客機であり、航空整備士もそうした人たちと密接に連携《れんけい》しながら業務にあたっている。

ただし直接的に他職種の人と接点をもちやすいのはライン整備士くらいで、格納庫や工場で仕事をするドック整備士やショップ整備士はあまり接する機会はない。それでも多く

旅客機は機長と副操縦士の２名のパイロットで飛ばしている

の航空整備士は、自分の作業の先に乗客やクルーの安全で快適なフライトがあるということをイメージしながら業務にあたっている。

パイロット

旅客機には、機長と副操縦士の２名のパイロットが乗務する。副操縦士になるためには最低でも３年から５年の訓練が必要で、機長になるためには副操縦士として乗務しながらさらに５年から10年かかる。

フライトの準備は約１時間前から始まり、空港内の事務所で当日の気象や飛行計画を検討して確定する。機体では、まずは搭載《とうさい》されているフライトログ（記録簿《ぼ》）で機体の状態を確認する。ここには、それまでのフライトで発生した不具合や修理の内容などが書かれており、必要に応じて航空整備士から説明を受ける。また2名のパイロットのうち1名がコンピューターに飛行ルートや高度などの情報を入力し、もう1名はいったん外に出て機体の点検を行う。もちろん旅客機はそれまでに航空整備士によって万全に整備されているが、パイロットもフライトの前には機体点検を行うことを義務づけられているのだ。そして問題がなければ機内に戻《もど》り、客室乗務員とのブリーフィングを行ったうえで乗客の搭乗《とうじょう》を待つ。

飛行中は安全で快適な運航を心がけるだけでなく、機体の状態にも気を配り、何か不具合やその兆候《ちょうこう》があった場合には記録して航空整備士に伝える。現代の旅客機には機体の状《じょう》況《きょう》を自己診断《しんだん》する装置《そうち》が備えられており、そうした情報は地上からも遠隔《えんかく》モニターできる。しかし、すべての事象が記録されるわけではないから、こうしたパイロットの情報は航空整備士にとってはおおいに参考になる。

客室乗務員

客室乗務員は、ＣＡ（キャビンアテンダント）あるいはＦＡ（フライトアテンダント）とも呼ばれている。乗客にとっては笑顔《えがお》で飲み物や機内食などのサービスをしてくれる仕

笑顔でサービスする客室乗務員には、乗客の安全を守る使命もある

事という印象が強いが、万一の時には避《ひ》難《なん》誘《ゆう》導《どう》をしたり、具合が悪くなった人に対処するなど安全を守るための保安要員としての役割ももっている。

また客室乗務員は、客室を中心とした機体の状況《じょうきょう》についても注意を払っている。たとえばシートに備えられた個人用モニターや化《け》粧《しょう》室、あるいは機内食を用意するギャレーの具合が悪いといったことも記録し、航空整備士に報告する。不具合には上空だけで発生するものもあるから、こうした情報は重要である。ちなみに個人用モニターが故障しても飛行の安全に影響《えいきょう》することはないが、楽しみにしていた乗客はがっかりするし、航空会社の評価の低下にもつながる。そうしたこ

貨物の積み下ろしなどを行うグランドハンドリングスタッフ

と防ぐためにも、客室乗務員と航空整備士との連携《れんけい》は重要なのである。

グランドハンドリングスタッフ

旅客機がすぐれた技術の集合体であったとしても、着陸してゲートに到着《とうちゃく》した瞬間《しゅんかん》から出発するまでのあいだは巨大《きょだい》な赤ん坊《ぼう》のようになる。つまり自分では何もできず、周囲の人がすべて面倒《めんどう》を見てあげなくてはならない。

まずは乗客を降ろすための旅客搭乗《とうじょう》橋を接続し、ドアを開けてやらなくてはならない。それで乗客は自分で降りてくれるが、貨物となると降ろすのにも積むのにもすべて人の手が必要だ。さらに機内食の搭載《とうさい》や機内の清掃《せいそう》、燃料の補給な

空港でのチェックインや搭乗改札業務を行うグランドスタッフ

ども必要だし、出発準備が整った旅客機はトーイングカーと呼ばれる車両で出発位置まで押《お》し出してやらなくてはならない。こうしたさまざまな地上業務をグランドハンドリング（あるいは短くグラハンと略す）という。

　グランドハンドリングスタッフと航空整備士は、ともに航空機の周辺で働き、上下つなぎの作業服やヘルメットという服装《ふくそう》も似ていることから混同されやすいが、慣れれば制服のデザインが異なるので見分けがつくようになる。またＡＮＡのように、運航間の機体点検は基本的にグランドハンドリングスタッフが行う航空会社もある。そこで何か不具合があった場合には、航空整備士を呼んで確認してもらうのである。

グランドスタッフ(旅客スタッフ)

乗客が空港に着いてから旅客機に乗り込《こ》むまで、あるいは目的地で旅客機を降りてから空港を後にするまで、空港において必要なあらゆる手続きや支援《しえん》を行うのがグランドスタッフだ。グランドハンドリングスタッフと混同しないように、旅客スタッフと呼ぶこともある。

最近ではチェックインカウンターも無人化が進んでいるが、それでも自動チェックイン機の操作などに案内が必要な乗客はいるし、国際線では乗客が渡航に必要な書類(パスポートやビザなど)を持っているかどうかを確認する必要がある。また搭乗《とうじょう》ゲートでの改札業務も行い、現れない乗客がいれば空港内を探さなくてはならない。最近では最後のドアクローズや旅客搭乗《とうじょう》橋の操作もグランドスタッフが行う航空会社もある。

あまり航空整備士との接点はないようだが、たとえば機体に不具合が発生して整備作業が必要になった場合、その終了《しゅうりょう》時間しだいで定刻を遅《おく》らせなくてはならないこともある。そうした情報は迅速《じんそく》にグランドスタッフにも伝えられ、乗客にアナウンスされる。何よりも、ともに空港で働く仲間としてのチームワークが重要だ。

自衛隊機の整備

民間機とは違うルールで飛ぶため整備にも独自の資格を適用

入隊してから選抜《せんばつ》される

日本でいちばんたくさんの航空機を運用しているのは、実は航空会社ではなく自衛隊だ。航空自衛隊はもちろん、海上自衛隊や陸上自衛隊も多数の航空機を運用している。もちろん、それらを飛ばすために多くの整備員（自衛隊では、整備士ではなく整備員と呼んでいる）が活躍《かつやく》している。航空機整備という仕事を通して国を守る仕事をしたい、あるいは超《ちょう》音速《おんそく》で飛ぶ戦闘《せんとう》機などを自分の手で整備したいという人には魅力的《みりょくてき》な仕事といえるだろう。

ただし自衛隊機の整備には、民間機とは異なることも多い。たとえば自衛隊機には航空法が適用されないので、独自のルールに従って整備・運用されている。日頃《ひごろ》から点検を欠かさずに、安全に飛べる状態を維持《いじ》するというのは同じだが、たとえば整備をするための資格も民間とは異なるし、整備員になるための方法も違《ちが》う。

志望者にとってもっとも大きな問題は、自衛隊は「整備員」という職種では募集《ぼしゅう》を行っていないので、いったん入隊したうえで整備員として選抜《せんばつ》されなくてはならないということだ。つまり航空機の整備をしたいという理由で自衛隊に入隊しても、整備員になれるかどうかはわからないのである。

航空自衛隊を例にとると、まずは高校卒業時に「自衛官候補生」を受験するのが一般的《いっぱんてき》だ。合格すると3カ月間の自衛官候補生訓練を受けるが、これは試用期間のようなもので、無事に終えると2等空士という階級で任官される。つまり正式採用だ。そしてこの時に、訓練中の成績や適性、本人の希望などから職種や職域が決まる。すなわち、航空機の整備員になれるかどうかが決まる。基本的には訓練中の成績がいいほど希望の職種に就ける可能性は高くなるが、好成績であっても適性がないと判断されれば整備員にはなれないというのが難しいところだ。

整備員を養成する第1術科学校

整備員に選ばれた者は、静岡《しずおか》県にある浜松《はままつ》基地の第1術科学校で専門訓練を受ける。術

航空自衛隊浜松基地にある第１術科学校。航空整備の専門教育を行っている

科学校というのは職種ごとの専門教育を行うところで、ほかには航空管制に関する教育を行う第5術科学校（愛知県小牧基地）や、通信・情報・気象などに関する教育を行う第4術科学校（埼玉《さいたま》県熊谷《くまがや》基地）などがある。いわば自衛隊内の専門学校のようなところだが、もちろん学費などは必要なく、給与《きゅうよ》も支給される。

第1術科学校では、まず最初に3週間の「航空機整備基礎《きそ》課程」を受講する。ここでは航空機の整備に関する基礎《きそ》知識や工具の使い方などから教育されるので、航空整備の専門知識がなくても、また機械いじりをしたことがないという人でも問題はない。ちなみに航空機整備というと理系の人が適しているという印象が強いかもしれないが、実際に整備員として選抜《せんばつ》されるのに理系・文系はあまり関係ないという。また民間の航空整備士と同様に、自衛隊でも女性の整備員が増えており、性別も関係ない。

航空機整備基礎《きそ》課程を終えると、そこでまた成績や適性、本人の希望などによって職種が細かく分けられ、それぞれの初級特技員（整備員）課程に進む。民間の航空整備士も機体整備や装備《そうび》品整備といった専門に分けられているが、自衛隊でも機体そのものを扱《あつか》う整備員、電子機器や油圧システムなどを専門に扱《あつか》う整備員、さらにはミサイルや機関砲《ほう》などを扱《あつか》う整備員など細かく専門が分けられている。これを自衛隊では「特技」といい、第1術科学校にはつぎのような特技コースがある。

・初級油圧整備員課程
・初級計器整備員課程
・初級電機整備員課程
・初級救命装備品整備員課程
・初級ヘリコプター整備員課程
・初級航空機整備員課程
・初級エンジン整備員課程

F-2戦闘機と整備員。機体だけでなくミサイルなどの専門整備員もいる

・初級武器弾薬整備員課程
・初級動力器材整備員課程
・初級工作整備員課程

ここでの教育期間はコースごとに異なるが、平均すると10週間程度、長いものでは20週間程度になる。修了《しゅうりょう》すると全国の部隊に配属され、さらに初級整備専門員として約10カ月の実務教育を受ける。その全課程を終えて試験に合格すると、ようやく航空機整備専門員ということになる。

階級により任期制と定年制がある

自衛隊には階級制度があり、任官時の2等空士から約半年で1等空士、さらに1年ほどで空士長に昇進《しょうしん》する。これらの

C-2輸送機の整備員は、フライトに同乗して目的地での整備を行うこともある

階級を空士というが、空士のあいだは任期制となっており、最初の任期は3年だ。そのまま自衛隊に残りたい場合には任期を延長してさらに上の階級である空曹《くうそう》をめざすが、自衛隊を辞めて別の道に進むこともできる。

たとえば高校を卒業してすぐに入隊した場合、最初の任期が終わるころには21歳《さい》になっていることになる。ここで退官してあらためて民間の航空整備士などをめざすという選択肢《せんたくし》もあるが、自衛隊での整備員資格はそのままでは民間で通用しないので注意が必要だ。

自衛隊に残った場合には、部隊での整備員としての実務をこなしながら3等空《くう》曹《そう》をめざす。また3等空曹《くうそう》に昇進《しょうしん》するころには、再び第1術科学校で上級特技員（整備員）課程の訓練を受け、さらに高度な知識と技術を身につける。

なお3等空曹《くうそう》に昇進《しょうしん》すると任期制から定年制に移行するため、一般《いっぱん》の会社員などと同様に定年まで働くことができるようになる。ただし自衛隊では早期定年制を採用しているので、その時の階級にもよるが50代の半ばには定年を迎《むか》える。一般《いっぱん》企業《きぎょう》の多くは60歳《さい》が定年なので、それよりはだいぶ早く仕事を辞めなくてはならないことになり、相応の人生設計が必要になる。

ミニドキュメント 1 エンジン専門の整備士

力強く繊細なジェットエンジン 究極の技術をとことん究める

ANAエンジンテクニクス　整備部
菅《すが》原《わら》右《ゆう》介《すけ》さん

旅客機の進歩を支えてきたエンジン

旅客機の進歩は、エンジンの性能向上によって支えられてきた。初期の代表的なジェット旅客機ボーイング７０７は、約１８０人の乗客を乗せて飛ぶために四つのエンジンを必要とした。しかし現代のボーイング７７７は５００人以上、ボーイング７０７の約３倍もの乗客をたった二つのエンジンで飛ばしている。しかも安全を追求する旅客機には、ひとつのエンジンが故障しても飛べなくてはならないというルールがある。つまりボーイング７７７のエンジンは、ただひとつでも飛べるほど強力なのだ。

また新しいエンジンは騒音《そうおん》が低く燃費もよいから、より遠くまで飛ぶことができる。ボーイング707は太平洋横断にも途中《とちゅう》で燃料補給を必要としたが、ボーイング777は日本からヨーロッパやアメリカ東海岸へもノンストップで飛ぶことができる。しかも信頼性《しんらい》が高く、故障も少ない。たとえば東京からニューヨークまでの飛行時間は12～13時間以上にもなるが、エンジンは長時間休みなく働いたあとで、すぐにまた日本に向けて飛び立つ。そんな過酷《かこく》なフライトを、毎日のようにくり返しているのだ。

ただしどんなに進歩したエンジンでも、その性能を発揮するためには手厚い整備が欠かせない。着陸のたびに異常がないかがチェックされ、さらに数年に一度は機体から降ろされて分解整備される。菅原右介さんが勤務するANAエンジンテクニクスは、そうしたエンジン整備を専門に行う会社である。

ちなみにこうしてエンジン整備まで自社で行える航空会社は、世界的にも数が少ない。多くの航空会社は、エンジンメーカーやエンジン整備会社に送って整備してもらっている。しかしANAエンジンテクニクスは、ANAグループのエンジンだけでなく他社からのエンジンの整備も委託《いたく》されるほど高い技術力を誇《ほこ》っている。

エンジンを深く究めていきたい

菅原さんが航空整備士をめざそうと決めたのは高校3年生の時だ。それまでは部活で野球一筋の毎日。甲子園《こうしえん》出場経験もある強豪校《きょうごう》で、練習は厳しかった。

「あいにく甲子園に出るという夢《ゆめ》は叶《かな》いませんでしたが、全力でやりきったという思いはあったので悔《く》いはありません」

つぎに定めるのは、将来の目標だ。

「できれば手に職をつけて、自分の技を高めていけるような仕事をしたいと思いました」

そこでまず思いついたのは、幼いころから好きだったフォーミュラ・ワンやＧＴカーといった自動車の整備士だ。機械いじりなど、手先を動かすことは嫌《きら》いではない。そこでさらにくわしく調べていくうちに、自動車ではなく航空機を整備する航空整備士という仕事があることを知った。

「自動車の整備は、趣味《しゅみ》で楽しむこともできます。しかし、航空機はふつうの人にはまずふれる機会がない遠い存在です。挑戦《ちょうせん》のしがいがあると思いました」

こうして進学した航空専門学校には、当然ながら航空整備士をめざす学生がたくさん集まっていた。菅原さん自身は航空業界のことをあまり知らずに入学したが、大好きな飛行機を整備するという夢《ゆめ》を追いかける仲間たちには、甲子園をめざして部活にはげんでいた時と同じような熱意が感じられて刺激《しげき》を受けた。また教員にも航空会社の整備出身者が多く、それぞれの会社の特徴《とくちょう》や仕事内容などをくわしく聞くことができた。そうして選んだのが、ＡＮＡエンジンテクニクスだった。

「ＡＮＡグループでは、ドック整備やエンジン整備など業務ごとに整備会社が分かれています。やりたいことが明確ならば、その仕事に就けるチャンスが大きいと思いました」

旅客機のことを何でも知りたい、いろいろな仕事をしてみたいという人には、ドック整備やライン整備がいいかもしれない。旅客機の構造や電気システム、油圧システム、空調システムなど、あらゆることを広く知ってい

部品単位まで分解したエンジンを再び高い精度で組み上げていく

る必要があるからだ。

「しかし私自身はひとつのことを、たとえばエンジンについて徹底的《てっていてき》に掘《ほ》り下げていくほうが性に合っていると思いました」

たとえばドック整備やライン整備でも、エンジンの整備は行う。しかしそこでの作業は、不具合の原因を探り、原因となる装備《そうび》品を特定して交換《こうかん》し、正常に戻《もど》すといったことで、取り外された装備《そうび》品や部品の修理までは行わない。それを行うのはエンジンや装備《そうび》品の専門整備士であり、そのために設立されたのがＡＮＡエンジンテクニクスやＡＮＡコンポーネントテクニクスなのである。

ジェットエンジンを構成するモジュール

ＡＮＡエンジンテクニクスの整備工場は、羽田空港にある。近くにはドック整備を行う

ＡＮＡグループの格納庫があり、ここで機体から取り外されたエンジンがエンジン整備工場に運び込《こ》まれる。

最初に行うのは、モジュールと呼ばれる大きな部分に分けることだ。現代のジェット旅客機のエンジンはターボファンと呼ばれるものだが、これは最前方のファン、それに続くコンプレッサー（圧縮機）、燃焼室、そしてタービンに分けられる。

ファンは扇風《せんぷう》機の羽根を何十枚にも増やしたようなもので、回転することで後方に風を送る。昔《むかし》のジェットエンジン（ターボジェット）は、後方に吹《ふ》き出す燃焼ガスの勢いだけで推力（前進する力）を生み出していたが、ターボファンでは推力のほとんどをファンで発生させている。

ファンを通った空気はほとんどがそのまま後方に排出《はいしゅつ》されて旅客機を前進させるが、中心部の２〜３割の空気はコアと呼ばれる部分に送られる。ここのコンプレッサーにはファンよりもずっと小さな羽根の列が何段にも並《なら》んでおり、前方から取り込《こ》んだ空気を約30倍から50倍の密度にまで圧縮していく。続く燃焼室では、こうして圧縮された空気に燃料を混ぜて燃やし、高温高圧のガスにする。ちなみに燃料は自動車で使われるガソリンや軽油ではなく、灯油に近い成分である。そのためジェット燃料をケロシン（英語で灯油のこと）と呼ぶこともある。

燃やされた高温高圧のガスは勢いよく後方に吹《ふ》き出すが、その途中《とちゅう》でタービンと呼ばれる風車を回転させる。その力が中心軸《じく》を通して前方に伝えられ、ファンやコンプレッサーを回すわけだ。タービンの羽根（ブレード）

整備マニュアルなどはすべて電子化されており、簡単に検索できる

は高温高圧のガスにさらされたうえで回転にともなう強い遠心力を受けるため、熱に強く丈夫《じょうぶ》な材料が使われるほか、表面に薄《うす》く冷《れい》却《きゃく》空気を流して保護されるようになっている。

数万の部品単位まで分解して整備

モジュールに分けられたエンジンは、続けて数万という部品一つひとつまで細かく分解されていく。それぞれの部品は、酸性やアルカリ性のさまざまな溶剤《ようざい》を使った化学洗浄《せんじょう》や、微小《びしょう》なグラスビーズを吹《ふ》きつける機械洗浄《せんじょう》によって汚《よご》れを落とされたうえで、目視や非破《は》壊《かい》検査によって綿密にチェックされる。

非破壊《はかい》検査というのは外観からではわからない異常がないかを調べるもので、X線を使った放射線透過《とうか》検査、超音波《ちょうおんぱ》を使った超音波《ちょうおんぱ》探傷検査、部品表面に渦電流《うずでんりゅう》を流してその乱れを見る渦流《かりゅう》探傷検査などの方法がある。また目視では発見しづらい細かな傷を探るための磁粉探傷検査や、蛍光塗料《けいこうとりょう》を浸透《しんとう》させて欠陥《けっかん》を発見する浸透《しんとう》探傷検査など、さまざまな検査方法を駆使《くし》して部品の状態がチェックされる。そして不具合が見つかった部品は、その状態に応じて修理後再使用するか、あるいは交換《こうかん》するかされ、正常な部品だけを使って再びエンジンとして組み上げていくのである。

イメージとしては、巨大《きょだい》で複雑な立体パズルをバラバラに分解して、それぞれのピースをきれいにしたうえで再び組み上げるのに似ている。ただしピースの数は気が遠くなるほど多いし、順番を間違《まちが》えれば正しく分解や組み立てはできない。完成したあとは、100 0℃を超《こ》える高温や50トンを超《こ》える推力に耐《た》えなくてはならないから、もちろん間違《まちが》いは許されない。

「許容されている誤差が0・02ミリメートルにすぎないところもあります」というから、求められる精度は精密な機械式腕時計なみといえる。

こうして組み上がったエンジンは、同じく羽田空港にあるエンジン試運転施設で性能試験を行い、問題がないことが確認されたうえで予備エンジンとして保管される。そして、再び整備のために取り外されたエンジンに代わって旅客機に取りつけられ、空を飛ぶのである。

不安を残さない確実な作業

菅原さんがANAエンジンテクニクスに入社したのは2010年のことだ。航空専門学校で学んだとはいえ、ここでさらに約6カ月間の基礎《きそ》訓練を受けた。

「専門学校で学ぶのは主にピストンエンジンなので、ジェットエンジンについては入社してからが本格的な教育になります」

現場に配属されてからは、先輩《せんぱい》について実

整備の完了したエンジンは試運転のあと予備品として保管される

作業を学びながら社内資格であるG1を取り、さらに経験を積みながら上級資格であるG2、そして国家資格である航空工場整備士を取得した。旅客機の機体整備では、安全に飛べる状態であることを確認するために一等航空整備士の資格が必要になる。それと同じく、工場で整備したエンジンの確認を行うためには航空工場整備士の資格が必要になる。ただし、航空工場整備士になったからといってすぐに確認行為《こうい》ができるわけではなく、さらに何年かの経験を積んだうえで社内認定を受ける必要がある。エンジンの安全性を最終的に判断する責任の重い業務だけに、そこに至る道のりも決して平坦《へいたん》ではないのだ。

「ジェットエンジンには、組み上げたあと何年か後に再び機体から降ろして分解するまで、まったく見ることもふれることもできない部分があります。もちろん、そのあいだにも日々のライン整備やドック整備でエンジンの点検はされますし、目が届きにくい場所についてはボアスコープという胃カメラのような装置《そうち》を使ったり、オイルに金属片などの異物が混じっていないかといったことも検査されます。しかし、それでも私たちが作業をした部分の状態がすべて確認できるわけではありません。ですから作業に間違《まちが》いがないことはもちろん、何年間にもわたって不具合を起こすことがないように心がけています」

航空機の安全、乗客の命がかかっているだけに、不安を感じることはないのだろうか。

「不安はありません。というよりも、不安を残したままで作業を進めることはありません。ですから不安になることがないように、確実な作業をすることが大切です」

ちなみにドック整備やライン整備では、自分たちが整備した飛行機が無事に飛んでいくのを見るのがやりがいだといわれる。

「エンジン整備も同じです。ここで整備している時には、それがどの機体につけられるのかはわかりませんが、どの機体であっても自分たちが整備したエンジンはわかります。それが元気に飛んでいるのを見ると、『がんばっているな』とうれしい気持ちになります」

ベテランのエンジン整備士として後輩《こうはい》の指導にあたることも多い菅原さんだが、みずからもまだ学ぶことは多い。ANAは次世代の主力機としてボーイング777Xやボーイング737MAXを導入するが、それには現在よりもさらに進んだエンジンが装備《そうび》される。そんなエンジンにふれることができる日を、楽しみにしている。

ミニドキュメント 2 小型機の整備士

機体やエンジンなど、すべてを担当できる小型機の整備

朝《あさ》日《ひ》航《こう》空《くう》 整備部
加《か》藤《とう》 諒《りょう》さん

父から学んだ整備と飛行機の魅力《みりょく》

大阪《おおさか》には、大阪国際空港、関西《かんさい》国際空港、そして八尾《やお》空港という三つの空港がある。このうち八尾には旅客機こそ乗り入れていないが、小型機専用空港としては日本最大だ。加藤諒さんは、ここに本社を置く朝日航空の航空整備士である。同社は航空機使用事業としてはパイロットの訓練や航空測量撮影《さつえい》、チャーター飛行などを、航空運送事業では遊覧飛行を行うなど、国土形成、国土保全、生命、エネルギー、情報など、多様な社会インフラに密着した役割を果たしている。さらに自社機のみならず多くの整備を受託《じゅたく》している。

「父は自動車の整備士だったので、幼いころから整備の現場は身近に感じていました。また父は飛行機が好きで、よくいっしょにラジコン飛行機を作って飛ばしたり、地元鹿児島《かごしま》にあった自衛隊航空基地の航空ショーに連れていってくれたりしました。将来は自衛隊の整備員になりたいと思うようになったのです」

ただし自衛隊は、航空機整備員という職種での募集《ぼしゅう》は行っておらず、入隊後に進路を振《ふ》り分けられる。残念ながら、加藤さんは航空機整備員には選ばれなかった。

「それでも、自分では気付いていなかった適性ややりがいがあるかもしれないと思って勤務に励《はげ》みました。しかし、やはり飛行機が好きだという気持ちを忘れることはできません。そこで任期終了《しゅうりょう》後に、航空専門学校に進学することにしました」

とはいえ民間機のことはよく知らなかった。

「私が進学した航空専門学校では、入学したあとでコースが分けられるようになっていました。最初は漠然《ばくぜん》と航空会社での旅客機の整備士をイメージしていましたが、指導してくれた先生の話から小型機の整備士という仕事を知り、興味をもちました」

巨大《きょだい》な旅客機を一人で整備することはできない。機体やエンジン、装備品などに専門が分けられたうえで、さらに多くの航空整備士が分担して整備を行う。つまり自分ができるのは、ごく一部にすぎない。しかし小型機の場合はせいぜい数名、時には一人で整備を行い、機体やエンジンなどすべてを見ることができるという。そこに魅力《みりょく》を感じた。

「そんな小型機の整備には、父の自動車整備にも通じるものを感じました。子どものころに感じた、わくわくするような気持ちです」

加藤さんは在学中に二等航空整備士の資格

八尾空港上空を飛ぶ朝日航空のセスナ172。試験飛行で同乗することもある

を取り、２０１５年に朝日航空に就職した。

みずから整備して試験飛行にも同乗する

八尾《やお》空港では、飛行機がとても身近に感じられる。もちろん安全のためのフェンスは張りめぐらされているが、その周囲には公園のように整備された場所も多く、地元の人たちが散歩がてら飛行機を眺《なが》めている姿も多く見られる。市街地に近いために騒音《そうおん》には気をつかうが、そうした地の利を活かして、災害時には防災拠点《きょてん》としても機能する。１９９５年の阪神《はんしん》・淡路大震災《あわじだいしんさい》のときにも、ここを拠点《きょてん》として多くの飛行機やヘリコプターが人命救助や支援《しえん》物資の輸送などに活躍《かつやく》した。

朝日航空は、もとは日本産業航空という社名で１９６７年に設立された。航空機使用事業だけでなく、小型機を使った旅客輸送を行っていたこともあり、大手航空会社に準じた整備態勢が整えられた。現在も格納庫には十数機の飛行機が翼《つばさ》を重ねるように収められており、多くの航空整備士たちが働いている。

「ここでは主に50時間ごとや100時間ごとに行うことが義務づけられている定期点検、1年に一度の耐空《たいくう》証明検査、フライト後の点検などを行っており、もちろん不具合があれば部品の交換《こうかん》や修理をします。また飛行機によっては改造作業を行うこともあります。たとえば地図の作成などで不可欠な航空測量は、かつては写真撮影《さつえい》が中心でしたが、現在ではデジタルマッピングが中心となっています。そこで使われるレーザー計測装置などを機体に取り付ける場合には、重心や機体構造に悪《あく》影響《えいきょう》をおよぼさないように、もちろん乱気流でも外れたりしないように安全に固定し、さらに無線機にノイズ（雑音）を発生させないか、エンジン性能に影響《えいきょう》はないかといったことにも配慮《はいりょ》する必要があります」

こうした改造や大規模な修理を行った場合には試験飛行を行うが、そこにはパイロットだけでなく作業を担当した航空整備士が同乗して問題がないかどうかを確認する。八尾《やお》空港の周囲には前方後円墳《ぜんぽうこうえんふん》などの遺跡《いせき》も多く、上空からはその独特の形がよくわかる。さらに東側の生駒《いこま》山地を越《こ》えると奈良盆地《ならぼんち》が広がっており、法隆寺《ほうりゅうじ》などの歴史的な建造物も多い。自分が整備した飛行機に乗って飛ぶのは、さぞや気持ちがいいのではないかと思ったが、「試験飛行では各部に異常がないかを確認するのに忙《いそが》しくて、景色を眺《なが》めている余《よ》裕《ゆう》はありません」ということだ。

さまざまな飛行機ごとに整備の難しさ

航空機使用事業会社で使われている小型機の多くは、法的には加藤さんがもっている二等航空整備士の資格で整備することができる。ただし朝日航空では、さらに社内資格を設けて確認主任者にならなくては作業後の確認行《こう》為《い》ができないことになっている。それまでは先輩《せんぱい》整備士について経験を積み、確認主任者になるためには3年ほどかかるという。

「法的には整備ができる資格があるからといっても、航空専門学校を出たばかりで即《そく》戦力になれるわけではありません。実際にやってみろと言われたら困っていたでしょうね」

ひとくちに小型機といっても、メーカーも機種もさまざまだ。また同じモデルの飛行機でも、年式によってエンジンやシステムが異なっていることもめずらしくない。

「たとえば航空専門学校で整備実習に使った飛行機は、いずれも昔ながらのアナログ計器を備えていました。ところが最近の飛行機は、小型機であってもデジタルの液晶《えきしょう》ディスプレイを使ったグラスコクピットになっており、その仕組みも整備の方法もまるで違《ちが》います」

そうしたさまざまな飛行機を整備できるのも航空機使用事業の楽しさのひとつだというが、学ばなくてはならないことは多い。

「もちろんそれぞれに整備用のマニュアルは用意されていますが、そのうえで経験を積んだ先輩《せんぱい》整備士について学ぶことがもっとも早道で確実であるように思います。また整備作業のあとには必ず書類で記録を残さなくてはならないことになっていますが、これも専門学校ではどんな書類があるかということまでは習っても、実際にどのように作成すればいいのかということまでは習いません。そうしたことも、やはり先輩《せんぱい》について実地に学びました。それを、今度は私が後輩《こうはい》たちに伝えていくことになります」

ちなみに多くの小型機は自動車と同じピストンエンジンを装備しているが、なかには旅客機同様にターボプロップエンジンを装備《そうび》した機体もあり、これを整備するためには新たにタービンという限定資格が必要になる。

「この資格は入社後に取得しました。もちろん学生時代にも、二等航空整備士の国家試験を受けた経験はあります。しかし、その時は学校が用意してくれたレールに乗っていれば取れるシステムになっていました。しかし、社会に出てからの受験ではふだんの仕事をしながら勉強をしなくてはなりません。もちろん会社や先輩《せんぱい》も支援《しえん》してくれますが、業務として合格しなくてはならないというプレッシャーも学生時代とは違《ちが》う点です」

それだけに、資格が取れたときの喜びもひとしおであったという。

好きな仕事ができるのは楽しい

今でも飛行機が好きだという父親とは、帰省のたびに仕事の話が弾《はず》むという。自動車整備と航空整備という違《ちが》いはあっても、同じ整備士ならではの話題には事欠かない。

「飛行機の仕組みのことはよく聞かれますし、こちらも自動車のことをくわしく知りたいと思うようになりました。飛行機と比べるとモデルチェンジの間隔《かんかく》が短い自動車は、新しい技術が採り入れられるのも早いように思います。一方で、飛行機に求められるのは絶対の

双発機の整備。機体からエンジン、機首のレーダーなどすべてを担当できる

確実さです。エンジンが止まってしまったら、自動車のように路《ろ》肩《かた》に寄せてようすを見ることはできません。だから古めかしいように見えても、すでに信頼《しんらい》性が実証されている技術が使われます。そのうえで、さらに安全に飛べるように維持《いじ》するのが私たち航空整備士の仕事であり責任だと思います」

自衛隊の航空機整備員をめざして、しかし一度は別の道に進むことになった。けれども、それが遠回りだったとは思っていない。

「別の世界を知ることで、あらためて自分は飛行機の整備が好きなのだということを再認識することができました。また、小型機の航空整備士は、社会貢献《こうけん》を通じて活躍《かつやく》できる職業です。今はそんな大好きな仕事をすることができている。それはとても幸せなことだと感じています」

ミニドキュメント 3 現場をサポート、技術系の総合職

整備の現場を知ることが技術スタッフとしての原点

日本航空 羽《は》田《ねだ》航《こう》空《くう》機《き》整《せい》備《び》センター
岩《いわ》淵《ぶち》由《ゆ》華《か》さん

現場を知ることの重要性

JAL整備技術グループの岩淵由華さんは、現場で働く航空整備士の技術サポートを行っている。旅客機の整備や修理は、認可されたマニュアル通りに正しく行わなければならない。しかし、マニュアルがすべての事象を網《もう》羅《ら》しているわけではなく、かといって勝手な判断ですませることもできない。そこで、より深い技術資料にアクセスしたり、メーカーに問い合わせるなどして正しい対処方法を確認する。

「ほんの4カ月前までは、私自身も現場の整備士として働いていました。その時の印象は、『疑問があればここに聞けばだいじょうぶ』という頼《たよ》れる部署。今はそこで問い合わせを

受ける側になり、現場の要求に迅速《じんそく》に応えられるよう、また現場から頼《たよ》りにしてもらえるよう先輩《せんぱい》スタッフの力を借りながら奮闘《ふんとう》しています」

岩淵さんは航空整備士ではなく業務企画《きかく》職としてJALに入社した。旅客機の運航は、パイロットや航空整備士、客室乗務員（CA）、グランドスタッフなど多くの専門技能をもったスタッフに支えられているが、こうした専門職だけでは航空会社の事業は成り立たない。会社を運営するためには、販売《はんばい》や営業、総務や経理、人事や調達、経営戦略や広報など、さまざまな業務を行う大勢のスタッフが必要になる。いわゆる「総合職」だが、JALでは業務企画《きかく》職と呼んでいる。

一般《いっぱん》に航空会社の総合職は、「事務系」と「技術系」に分けられることが多い。JALの業務企画《きかく》職の場合はさらに細かく「コーポレートコース」「オペレーションコース」「ビジネス・マーケティングコース」「数理・ITコース」「エアラインエンジニアコース」に分けて募集《ぼしゅう》されている。この中で、特に航空整備に深くかかわる「技術系総合職」にあたるのが「エアラインエンジニアコース」だ。整備分野における生産管理や品質保証、整備技術、運航技術、部品管理、整備企画《きかく》、整備受委託《じゅいたく》などの業務を担っている。

たとえば旅客機も、自動車の車検のように定期的な整備を行わなければならない。JALグループには約200機もの旅客機があるから、これらが漏《も》れなく期間内にしっかりと整備されるようにスケジュールを組まなくてはならない。しかし一度に整備できる旅客機の数は限られているし、整備中の旅客機が多すぎれば営業フライトにも影響《えいきょう》が出る。そうしたバランスを考えながら整備スケジュールを組むのはパズルを解くような複雑さだが、さらに突発的《とっぱつてき》な修理が必要になればせっかく作った整備スケジュールを変更《へんこう》しなくてはならないこともある。こうした業務は現場の航空整備士ではなく、全体を見渡《みわた》して判断できる技術系の業務企画《きかく》職が行っている。

ただし、そうした業務には航空整備や航空技術に関する深い知識や理解が必要になる。技術系の業務企画《きかく》職には大学や大学院で理系を専攻《せんこう》した人が採用されるが、それだけでは航空整備の実務に関してはまだ素人《しろうと》同然。そこで入社から数年間は航空整備士として現場で経験を積むことになっており、その間は航空整備士として入社した社員とともに研修や訓練を受け、もちろん実際に航空機の整備作業に携《たずさ》わる。岩淵さんも、そうして3年あまり、航空整備士として働いた。

航空会社の多彩《たさい》な仕事に興味をもった

岩淵さんが航空業界を志したのは、子どものころに見たドラマがきっかけだったという。客室乗務員が主役のドラマでも、パイロットや航空整備士など登場人物の多彩《たさい》さに「いろいろな仕事があるんだな」と興味をもった。大学では航空工学科に進み、サークル活動では小型ロケットの製作に取り組んだ。さらに大学院では、ヒューマンファクター（人間工学）を研究した。

航空とはあまり関係のない研究のようだが、実は人間工学は航空と密接なかかわりをもちながら発展してきた学問である。事故が起きるとパイロットや整備などのミスが原因とさ

「現場にいちばん近い」として希望した現在の職場は羽田空港内にある

れることがあるが、だからといって「もっと気をつけなさい」と叱責《しっせき》したり、罰則《ばっそく》を強化するだけでは事故は防げない。人間工学では「人はミスをする」という前提のもとで、なぜミスをするか、いかにすればミスを防げるか、ミスをしてもそれをカバーできるようにできないかといったことが研究されてきた。

たとえば飛行機が進歩するにつれて計器やスイッチの数も爆発的に増えたが、同時にミスを犯す危険も高まってしまった。同じような計器やスイッチを数多く並《なら》べるだけでは、必要な情報を読み取るのも難しいし、間違《まちが》ったスイッチを操作してしまう可能性が高まる。そこで人間工学では、間違《まちが》えにくい計器配列やスイッチの形などが研究され、それが実際の航空機にも反映されてきた。旅客機の操縦室を見ると、車輪の上げ下げをするレバーの握《にぎ》りはタイヤの形だし、主翼《しゅよく》についた小さな翼《つばさ》（フラップ）を操作するレバーの握《にぎ》りは翼《つばさ》の形をしている。子どもだましのようだが、そうした直感的にわかりやすい工夫が生死を分けることもある。そして人間工学は、航空機だけでなくさまざまな機械や施設《しせつ》の安全性や使いやすさの向上に役立っている。ただし岩淵さんは、自分の研究が航空会社に結びつくとは想像していなかった。いずれはメーカーや研究所で働くことになるのではないかと考えていた。

「ところが身近な先輩《せんぱい》がJALに入社して、そういう道もあるのかと知りました」

印象的だったのは、話を聞いた先輩《せんぱい》がみなとても楽しそうに仕事をしていたことと、担当してくれたJALの社員がとても親身になってくれたことだ。

「実は技術系だけでなく事務系の業務企画職《きかく》についても検討しましたが、自分はやはり技術系のほうが好きなんだなと再認識しました」

これからもたくさんの仕事を経験したい

JALに入社した岩淵さんは、航空整備士として入社した同期の仲間たちとともに整備の初歩から学んでいった。

「それまで機械いじりはほとんどしたことがなく、自転車の調子を見るのも自転車屋さん任せでした。特に最初の1年はうまくできなくて落ち込《こ》んだり、やはり自分には向いていないのではないかと悩《なや》んだこともありました」

しかし、だからこそJALは業務企画職《きかく》として入社した社員に現場を経験させているのだともいえる。最初から頭で想像できる程度

入社してから航空整備士としての経験を積むために配属された格納庫

の仕事ならば、わざわざ何年も現場を経験させるまでもなく、整備の現場を見学させるだけでも十分だろう。だが、うまくできない悩《なや》みや克服《こくふく》した時の喜び、チームワークやコミュニケーションの大切さ、乗客の命を預かる責任の重さ、定時に飛行機を出発させるプレッシャー、そしてそうしたことと真正面から向き合って整備した飛行機が乗客を乗せて無事に飛び立っていく時の達成感などは、実際に現場に身を置くことでしかほんとうには理解できない。

「現場だからこそ学べること、学ばなくてはならないこと、感じられることはたくさんあります。その一つひとつが、これからＪＡＬの技術スタッフとして仕事をするうえで、自分の原点になっていくのだと思います。しかし業務企画《きかく》職は、いったん現場を離《はな》れてしまえばもう戻《もど》ることはできません。限られた時間にできるだけ多くの経験をしたいと希望し、またたくさんの機会を与《あた》えていただきました」

たとえば海外で整備された機体の受領検査を担当したこともある。

「機内でインターネット接続を楽しむために、飛行機の上には人工衛星と通信するためのアンテナを取りつけています。その作業を委託《いたく》した海外の整備会社の支援《しえん》や検査を行いました。旅客機は大量生産といっても一機ずつ手作りされているので、こうした部品を取りつけるにもその場でさまざまな調整が必要になります。もちろん海外に業務委託《いたく》する場合でも、しっかりとＪＡＬの基準や品質で作業をしてもらわなくてはなりません」

そうした経験を積むことは、岩淵さん自身にとってだけでなくＪＡＬの整備・技術部門にとっても大きなプラスになる。だから通常はベテランの航空整備士が担当する業務にも、積極的に挑戦《ちょうせん》させたのである。だが、現場にいられる期間は限られている。岩淵さんは「できるだけ現場に近い部署」を希望して、現在の部署に配属された。

「ひと口に現場といっても、ドック整備やライン整備、ショップ整備などさまざまな部署がありますし、ドック整備も構造や電装《でんそう》などさまざまな専門分野に分けられます。またそうした現場をサポートする部署にも、ほんとうにいろいろな仕事があるということを実感しています。できれば、これからもいろいろな部署でたくさんの経験を積んでいきたいと思いますし、それができるのも業務企画《きかく》職の魅力《みりょく》です」

航空整備士の生活と収入

資格で仕事の幅が広がる学生時代よりも勉強は大変

資格取得のため、勉強に時間が必要

航空整備士は勉強することが多い。どんな職業でも最初は覚えなくてはならないことが多いのは同じだが、航空整備士の場合は資格がなくてはできない仕事も少なくない。だから日常の業務に加えて、資格を取るためにも知識と技術の習得をするのに忙《いそが》しい。

資格には社内資格と国家資格とがあり、いずれも試験に合格する必要がある。最初は初級の社内資格（JALのM2あるいはANAのG1など。151ページ参照）を取って経験を積み重ね、国家資格である一等航空整備士に挑戦《ちょうせん》する。ちなみに一等航空整備士を受験するためには最低4年間の実務経験が必要だが、航空専門学校によっては在学中の一定期間が実務経験と認められるので、高専卒や大学卒の同期よりは早く受験できる。そして一等航空整備士に合格すれば、法的にはひと通りの整備業務を行うことができるようになる。ただし実際には、さらに上級の社内資格（M1あるいはG2など）が必要だ。

イメージとしては、自動車の運転と似ているかもしれない。免許《めんきょ》を取れば、法的にはどこにでも運転していくことができるようになる。だがガソリンスタンドでの給油や立体駐車場《ちゅうしゃじょう》の利用方法、カーナビゲーション・システムの使い方など、教習所では習わないこともたくさんある。最初はその一つひとつが冒険《ぼうけん》であり、時には失敗しながら経験を積み重ねていく。それと同じように一等航空整備士も、資格を取ったうえでさらに場数を踏《ふ》んでいく必要がある。しかし、人の命を預かる航空整備士の仕事では冒険《ぼうけん》や失敗は許されない。そこでさらに上級の社内資格を設け、そこまでに十分な経験を積んだうえではじめて一人前の航空整備士として業務ができるようになるのである。

機種ごとに限定された資格

航空整備士としての勉強は、それだけでは終わらない。一等航空整備士は機種ごとに限定されているので、たとえばボーイング７３７の資格を取ってもボーイング７８７の確認行為《こうい》などはできない。そこであらためて試験を受けて、ボーイング７８７の資格を取らなくてはならない。２機種目以降はゼロから勉強するよりは楽かもしれないが、やはりかなり勉強をしなくてはならない。人によっては、さらに3機種目、4機種目の限定にも挑《いど》んでいくことになる。

ちなみに、JALやANAのような大手航空会社は路線に応じてさまざまな旅客機を使い分けているが、それ以外の航空会社の多くは1機種の旅客機のみを運航している。これは航空整備士や、やはり機種ごとに資格を必要とするパイロットの訓練期間を短くして経費を抑《おさ》えることができるからだ。モデルの異なる旅客機を導入する場合でも、たとえば胴《どう》体《たい》の長さが異なるだけなので共通資格が認められているような旅客機を選ぶことが多いし、さらには新型機を選定する場合にも旧型機と共通の資格で整備や操縦ができるモデルを採用することが多い。たとえばピーチ・アビエーションはもともとエアバスA320を運航していたが、現在ではそのエンジンを新しくしたA320neoや胴《どう》体《たい》を長くしたA321neoを導入している。もちろん旧型との違《ちが》いなどについては学ばなくてはならないが、新たな資格を取るよりはずっと負担が小さい。

ただし同じ旅客機であっても、新たな装《そう》置《ち》などが装《そう》備《び》された時にはあらためて勉強しなくてはならない。たとえば最近の旅客機は、機内でもWi-Fiやインターネットを楽しめるようになっているが、そのためには機体の上に人工衛星と通信するためのアンテナを追加装《そう》備《び》する必要がある。航空機メーカーの工場で新たに作られる旅客機には最初から装《そう》備《び》されているが、すでにある旅客機への装備《そうび》作業を行うのは航空整備士だ。その改造作業はもちろん、日常的な点検整備についても学ばなくてはならない。

こうした勉強が大変なのは間違《まちが》いないが、飛行機が好きな人（おそらく航空整備士をめざす人はほとんどがそうだろう）には、その仕組みを徹底的《てっていてき》に学ぶことができるのは楽しくもあるはずだ。しかも航空整備の現場では、学んだことがすぐに仕事の役に立つ。そうして自分の力が伸《の》びていくことが実感できるのも大きな喜びだろう。

また資格を取るにつれて、地方空港などでも活躍《かつやく》のチャンスも広がる。たとえばボーイング７３７しか就航していない空港であれば、ボーイング７３７の資格だけでも赴任《ふにん》できるだろう。しかし繁忙《はんぼう》期には大型のボーイング７８７が就航する可能性があるような空港ならば、両方の資格をもっている人が対象になるだろう。こうした地方空港では、羽田空港などと違《ちが》って人員や設備も限られているが、そうした制約の中で航空機の安全を守っていくことは貴重な経験となるはずだ。さらに国際線を運航している航空会社ならば、海外赴任《ふにん》の可能性もある。その場合は就航する旅客機の資格だけでなく英語力も必要になるが、これも勉強すれば確実に役に立つのだと思えば、がんばる甲斐《かい》があるというものだ。

1日の終わりに格納庫に運び込まれた旅客機。これから夜間整備を実施する

飛行機が飛ばない時間に整備をする

資格取得に励《はげ》む航空整備士の多くが「学生時代の勉強よりも大変」という理由のひとつに、仕事をしながら勉強をしなくてはならないということがある。受験対象者に対する教育も行われるが、それ以外は通常の勤務をこなしながら勉強することになる。

航空整備士の勤務態勢は業務内容にもよるが、たとえばライン整備の場合には旅客機のスケジュールに合わせるのが基本となる。そして旅客機は365日休みなく飛んでいるから、航空整備士の休日も決まった曜日ではなく、シフトによって変わる。また国内線の場合は原則として深夜から早朝までは飛ばないが、この時間帯にはA整備などの定時整備が行われるから、交代で夜通しの勤務もある。

ドック整備もシフト勤務であることが多いが、夜通しの作業までを行うかどうかは整備対象機の数や整備スケジュールによる。またエンジンや電子機器などのショップ整備については、繁忙《はんぼう》期以外は朝から夕方までといった勤務時間となることが多い。

航空整備士の収入

航空整備士の平均年収は、厚生労働省《こうせいろうどう》の資料では４９４・１万円（２０２２年）となっている。もちろん会社によって、業種（旅客機を運航する航空会社か、小型機が中心の使用事業会社か等）によって大きく異なる。また、同じ航空整備士としての入社でも専門学校卒よりは大学卒で入社したほうが基本給やその後の昇給《しょうきゅう》は高く推移することが多い。

定期昇給《しょうきゅう》に加えて、一等航空整備士、航空工場整備士の国家資格を取ったうえで確認主任者等の社内資格を取れば、それは給与《きゅうよ》に反映される。また航空整備士の仕事は変則的なシフト勤務であることが多いので、それに対応した手当や夜間手当がつき、たとえば地方空港での修理作業など出張が必要になった場合には出張手当、ヘリコプターのように航空整備士も同乗して業務を行う場合には飛行手当が加算される。あとはその会社ごとの福利厚生が適用される。

航空整備士の将来性

航空機が飛び発展し続ける限り航空整備士は必要とされる

波はあっても成長し続ける航空業界

航空機を飛ばすためには、資格をもった航空整備士による整備が義務づけられている。そして航空会社が事業拡大で航空機や便数を増やしていくためには、より多くの航空整備士が必要となる。ところが一人前の航空整備士を育てるには何年もの時間がかかるから、航空会社は現在の景気や業績だけでなく将来を見据《みす》えて航空整備士の採用と養成を続けていかなくてはならない。

一方で、航空整備士の仕事に興味をもっている人には、航空業界の将来に不安を抱《いだ》いている人も少なくないかもしれない。そうしたリスクがクローズアップされたのは、2020年からの新型コロナウイルス感染症《しょう》の世界的な大流行だろう。これによって各国は国境を越《こ》えた人の往来を厳しく制限し、国際線の運航は激減《げきげん》した。また国内線も大幅《おおはば》に減便され、各地の空港は閑散《かんさん》として、飛ばない旅客機がさびしげに並《なら》ぶ光景が見られた。航空会社の業績は、その存続が危ぶまれるほどに悪化してしまったのである。

だがコロナワクチンの接種などの対策が進むにつれて、社会活動も活気を取り戻《もど》した。2023年には、航空業界もほぼコロナ前の状態に回復した。それでも、「何か社会問題が起きれば、また航空会社は深刻な打撃《だげき》を受けるのではないか」という不安はあるだろう。そしてその不安は、おそらく間違《まちが》ってはいない。現に航空会社は、これまでにも何度となくさまざまな社会問題の影響《えいきょう》を受けてきた。

1990年の湾岸《わんがん》戦争、2001年のアメリカ同時多発テロ、2002年のSARS(重症《じゅうしょう》急性呼吸器症候群《しょうこうぐん》)流行、2008年のリーマン・ショック(世界金融《きんゆう》危機)、そして2009年の新型インフルエンザ流行、2022年のロシアによるウクライナ侵攻《しんこう》など、地域ごと、世界規模という違《ちが》いはあるものの、そのつど航空会社は影響《えいきょう》を受けてきた。ただし、一時的な落ち込《こ》みはあっても航空業界は成長し続けている。長い目で見れば、今後も成長し続けるだろう。

もちろん業界として成長が見込《みこ》めるとしても、個々の航空会社が生き残っていけるかどうかはわからない。実際に、海外では新型コロナウイルス感染症《しょう》の流行によって倒産《とうさん》して

人影がないコロナ禍での羽田空港。現在はまたにぎわいを取り戻している

しまった航空会社もある。それでも個人が職業として考えるならば、航空整備士は強みのある仕事だといえるだろう。もし会社が倒産《とうさん》してしまっても、国家資格とスキルは自分のものとして残る。とりわけ一等航空整備士は、長い実務経験がなければ取れないものだ。多くの航空会社は資格をもった航空整備士を必要としているから、再就職も難しくはないはずだ。

将来にわたって求められる航空整備士

航空業界は、今、多くの人材を必要としており、とりわけ若い航空整備士の育成は急務とされている。それは第一に、新型コロナウイルス感染症《しょう》の流行で航空業界を離《はな》れてしまった人が少なからずいたため、需要《じゅよう》が回復したあとも人手不足が続いているからだ。しかも1980年代後期のバブル経済期に大量採用された航空整備士が、これから相次いで定年を迎《むか》えるため、さらに人手不足が深刻化すると予想されている。航空整備士をめざす人にとっては、まさにチャンスといえるのではないだろうか。

一方で不安材料があるとしたら、現在は国内で実施《じっし》されているドック整備やショップ整備の海外委託《いたく》が進む可能性があるということだ。ただし、それは航空会社にとって大きな損失をともなう選択《せんたく》でもある。現在でも重整備などの海外委託《いたく》は行われているが、そこで正しく整備が行われるかをチェックできるのは自社の整備態勢がしっかりとしていればこそだし、自社でも整備できるからこそ価格や納期などの交渉《こうしょう》も有利に進めることができる。条件が合わなければ、「委託《いたく》しないで自分たちでやります」という選択肢《せんたくし》があるからだ。しかし、自社にそうした能力がなければ、相手のいいなりになる可能性もある。

一方で海外委託《いたく》ではなく国内委託《いたく》という需要《じゅよう》を狙《ねら》ったのが、2019年に那覇空港に整備工場をオープンした航空整備専門会社のMRO Japanだ（会社設立は2015年）。同社は当初予定よりも早い2020年度に黒字化を達成したが、これは新型コロナウイルス感染症《しょう》のため国境を越《こ》えた往来が困難になったという事情が追い風になったためだ。その間に積んだ実績が、今後の業績にどう反映されるのかが注目される。

那覇空港のMRO Japanは日本ではじめての独立系の旅客機整備会社だ

旅客機以外の航空業界の大きな動きとしては、無人航空機の増加がある。現在は主に軍事用で使われているが、将来的には民間にも進出してくることが予想される。しかし、航空機が無人化したとしても航空整備士の必要性は大きくは変わらない。無人航空機であっても、事故を起こせば地上に大きな被害《ひがい》をもたらす可能性があるから、有人航空機と同じようにしっかりとした整備が求められる。もちろん航空整備士は無人化を可能にする新しい技術への対応が求められることになるだろうが、そうした新技術への対応はこれまでの有人航空機でも同じだった。あるいは自動車と同じように電動化の動きもある。これについても、やはり航空整備士の必要性が揺《ゆ》らぐことはないだろう。

Column

航空整備の現場を見学しよう

　航空整備士が働いているようすは、あまり見る機会がない。空港の展望デッキや出発待合室の窓からも見えないことはないが、到着《とうちゃく》から出発までのあいだは目視点検が中心なので、各部をいじっているような「整備らしい光景」が見られることは滅多にない。また、距離《きょり》がかなりあるので、何をしているのかもよくわからないだろう。しかしJALとANAは、羽田空港の整備用格納庫（機体工場）の一般《いっぱん》公開を行っており、ドック整備のようすを間近に見ることができる。

　JALの工場見学「JAL Sky Museum（ジャル・スカイミュージアム）」は、月曜、火曜、木曜、土曜、日曜の毎日3回ずつ、ANAの工場見学「ANA Blue Hangar Tour（エイエヌエー・ブルーハンガーツアー）」は火曜から土曜までの毎日4回ずつ実施《じっし》されている（ともに年末年始は休み）。どちらも参加費は無料だが、インターネットからの予約が必要で、しかも人気が高いのでなかなか予約が取れない。何度もアクセスして、地道にトライするしかないだろう。なお予約方法やツアー内容などの情報は「JAL Sky Museum」や「ANA Blue Hangar Tour」で検索《けんさく》したうえで、最新情報を確認していただきたい。

●羽田空港のJAL格納庫とANA格納庫

「JAL Sky Museum」の所要時間は約100分で、東京モノレール新整備場駅から地上に出ると、すぐ横に見えるJAL M1ビル（格納庫）が集合場所だ。この中にJAL Sky Museumという展示施設《しせつ》が併設《へいせつ》されており、最初に歴代制服やシート、歴史的な品物、各職種の紹介《しょうかい》や旅客機の模型などを見学。また飛行機の基本を学べる航空教室を受講する。

　その後、ヘルメットをかぶって格納庫に入り、実

JAL Sky Museumでの格納庫見学。ヘルメットをかぶって間近に整備を見学できる

際の整備のようすを見学する。JALは羽田新整備場地区にM1とM2という二つの格納庫をもっており、M1では主にC整備以上の重整備や機体塗装《とそう》、M2では比較的《ひかくてき》軽いA整備やC整備を中心に行っている。ツアーでは両方の格納庫を見学できるが、特にM2では飛行機が置かれている地上フロアまで降りることができる。どんな飛行機が整備に入っているかは当日になってみないとわからないが、格納庫のドアが開いている時には目の前を通る旅客機や離《り》着陸《ちゃくりく》する旅客機も見ることができる。

「ANA Blue Hangar Tour」は、JALと同じく東京モノレール新整備場駅で降りるが、専用バスに乗ってコンポーネントメンテナンスビルに集合する。まずはANAグループの整備を担う「e.TEAM ANA」の説明を聞き（約30分）、その後はやはりヘルメットをかぶって格納庫を見学する（約1時間）。また、その前後30分ずつの時間は、整備に関するさまざまな資料を展示したホールを自由に見学できる。

ホールには、ボーイング787の実物大の垂直尾《び》翼《よく》模型を中心に、ドック整備やライン整備、エンジン整備やショップ整備、整備サポートなどの仕事紹介《しょうかい》パネルのほか、実際に使われている部品や工具などが展示されている。手を触《ふ》れてみることができる工具もあって興味深いが、時間が限られているので手早く見ていこう。

いずれも見学にはJALグループやANAグループのスタッフがつき添《そ》ってくれるので、初歩的な質問からかなり専門的な質問まで答えてもらうことができる。また写真撮影《さつえい》は原則としてOKだが、インターネットなどへの公開には制約があるので、当日の注意をよく聞いて従っていただきたい。

●沖縄旅行に行くならMRO Japanの見学

那覇空港にある航空機整備専門会社MRO Japanも機体整備工場見学ツアーを実施《じっし》している。こちらは有料（通常コース6800円。2023年10月末現在）だが、それだけに予約は取りやすい。沖縄旅行に行く計画があるならば、日程に組み込《こ》んでみるといいだろう。

MRO Japanの格納庫はふだんは入れない制限エリアにあるため、那覇空港ターミナル1階のバスカウンターに集合して専用バスに乗って行く。通常は午前（9時20分集合）と午後（12時50分集合）の2回で、制限エリアに入るための手続きの関係もあるので、申し込《こ》みは4日前までに行う必要がある。つまり沖縄に着いてから突然《とつぜん》思いついても間に合わないので注意していただきたい。また見学時にも本人確認のできる公的な身分証明書（免許《めんきょ》証や保険証など）が必要だ。

格納庫に到着《とうちゃく》したあとは約30分間の説明を聞き、約1時間にわたって格納庫を見学し、終了《しゅうりょう》後は専用バスで那覇空港ターミナルまで送ってもらって解散だ。記念にMRO Japanの記念グッズもプレゼントされる。写真撮影《さつえい》は個人的な用途《ようと》に限ってはOKだが、SNSなどインターネットへの公開は禁じられている。

●整備の訓練を見学する

航空会社にはパイロットや航空整備士、客室乗務員やグランドスタッフなど、高い専門性を求められる仕事が多く、そのための訓練施設《しせつ》が不可欠である。

MRO Japanの格納庫見学。有料だが、それだけに予約は取りやすい

２０１９年にＡＮＡは新しい訓練施設《しせつ》をオープンし、ＡＮＡ Ｂｌｕｅ Ｂａｓｅ（エイエヌエー・ブルーベース）と名づけた。ここは規模や先進性だけでなく、航空会社の訓練施設《しせつ》としては世界ではじめて一般《いっぱん》向けの見学ツアーを実施《じっし》しているという点でもユニークだ。なにしろ訓練というのは、いわば表舞台《ぶたい》で活躍《かつやく》するための準備であり、失敗をすることもあるはずだ。しかしＡＮＡは、そうした過程まで公開することで日頃《ひごろ》からどのように業務に向き合っているかを理解してもらおうと考えたのである。

ツアーは年末年始を除く月曜、火曜、木曜、金曜に毎日8回行われ、参加費用は１０００円（18歳《さい》以上）から８００円（中学・高校生）、そして５００円（小学生）だ。申し込《こ》みはインターネットからの予約のみで行われる。

所要時間は1時間半で、案内役のナビゲーターの説明を聞きながら1時間半にわたってガラス張りの見学者通路を歩き、施設《しせつ》や訓練のようすを見学する。実際に使われている施設《しせつ》なので、どのような訓練が行われているのかは行ってみないとわからないが、

ANA Blue Base Tour では、本物の航空整備士の訓練などを見ることができる

本物のエンジンや脚《きゃく》などが置かれた航空整備士の訓練エリアのほか、客室乗務員の緊急《きんきゅう》脱出訓練用に本物と同じように作られた胴体《どうたい》、パイロット訓練用のフライトシミュレーターなど、どれも本物の訓練施設《しせつ》ならではの緊張《きんちょう》感がある。

ちなみに航空整備士として入社したANAグループの訓練生たちは、まず4月から5月にかけて「e. TEAM ANA」合同の新人教育を受け、社会人としての基本や技術的な基礎《きそ》知識について学ぶ。その後、会社ごとの業務に合わせてより専門的な訓練を受けることになるが、そうした訓練で使われているのがこのANA Blue Baseということになる。

またANAは、日本の航空会社としては唯一《ゆいいつ》となる整備訓練機として退役したボーイング737を保有している。訓練用とはいえ本物の旅客機で整備を行うのはかなり緊張《きんちょう》感をともなうというが、そうした経験を積むことによって自信をもって旅客機を整備することができるようになるのだという。

3章

なるにはコース

適性と心構え

専門知識や技術は入社後に学べるコミュニケーション能力や正直さが大切

航空整備士に向いている人とは

航空整備士に向いているのは、どういう人だろう。筆者は主に航空専門誌で仕事をしているため、これまで機会あるごとに多くの航空整備士、航空会社の採用担当者、そして航空専門学校の教員などに聞く機会があった。

航空整備士といえば、もともと自動車やオートバイなどの機械いじりが得意だった人が多いというイメージがあったのだが、そしてもちろんそういう人もいるのだが、意外なほど少ない。オートバイどころか、自転車の調子も自分で見る前に自転車屋さんに見てもらっているという人もいた。工作が得意だった人が多いのかといえば、これも決して多くはなかった。「祖父は大工でした」という人はいたが、ご本人もその手伝いをしていたわけ

もともと機械いじりが得意だった人もいるが、まったく未経験だった人も多い

ではない。だが機械いじりの経験がまったくない人でも、入社してから道具の持ち方や使い方をゼロから指導されるので問題はない。

では手先の器用さはどうだろうか。これも、「器用な人がうらやましいです」という人が多いくらいだから、みんなが器用なわけではないようだ。謙遜《けんそん》もあるのかもしれないが、器用だからできるのではなく、できるようになるまでがんばっているのである。

また旅客機の部品には、かなり大きく重いものもある。力が必要な作業も多いのではないかと思われるが、航空整備士には小《こ》柄《がら》で華奢《きゃしゃ》な人も数多くいる。華奢《きゃしゃ》だからといって力が弱いとは限らないが、「どうしても持ち上げられないものは無理をせずに同僚《どうりょう》に手伝ってもらうので問題はありません」という。また小さな隙間《すきま》から機体の奥《おく》に手を伸《の》ばして行うような作業もあり、腕《うで》の短い人では届かないこともあるそうだが、そういう時には腕《うで》の長い航空整備士にやってもらうそうだ。では体が大きく腕《うで》が長い人のほうが有利かというと、決してそんなこともないらしい。航空整備では大柄《おおがら》な人では入ることができないような狭《せま》いスペースに入り込《こ》んで作業することもめずらしくない。そんな時には、小柄《こがら》な人のほうが有利だ。つまり、体型の有利不利も一概《いちがい》にはいえないのである。

几帳面《きちょうめん》さはどうだろう。航空整備士が使う工具箱の中は、例外なくきちんと整理されている。使う工具を迷わずに取り出して効率よく作業を行うため、そしてすべての工具がきちんとそろっていることが一目でわかるようにするためだ。万が一、機内に工具を置き忘れてしまったら、それが機器の作動を妨《さまた》げたり傷つけたりして不具合の原因になる可能性もある。工具だけではない。たとえばポケットのボールペン一本がなくなっただけでも、見つかるまで徹底的《てっていてき》に探すのが航空整備の現場だ。

「だから自分の部屋もきれいに整頓《せいとん》しています」という人もいたが、「仕事とプライベートは別。部屋は散らかっています」という人もいた。必ずしも航空整備士が几帳面《きちょうめん》できれい好きな人ばかりということもないらしい。

大柄でないと手が届かない作業もあれば、小柄でないと入れない場所の作業もある

うそつきはいらない

このように、航空整備士といってもさまざまな人がいる。航空会社では理系出身者を基本に採用しているが、入隊後に整備員を選抜《せんばつ》する自衛隊では、あまり文系と理系の差はないという。では、どんな人でも航空整備士になれるかといえば、やはり航空会社に求められるような能力や人間性はある。

たとえば飛行機のマニュアルは英語で書かれているので、ある程度の英語力は必要だ。仕事をするうえでなじみのある航空用語が中心なので、時事問題などをさまざまに取り上げる英語の新聞や雑誌を読むよりはやさしいが、あまり英語に苦手意識がある人は苦労する。また外国から飛んできた海外航空会社の整備を任されることもあるし、日本の航空会社でも多くの外国人パイロットが働いている。そうしたパイロットとのコミュニケーションにも、ある程度の英語力は必要になる。ただ航空業界は世界的に英語が共通語になっているので、各国の言葉は覚えなくても英語だけできればなんとかなるというのは幸いなことだろう。

もちろん日本語でのコミュニケーション能力も重要だ。口達者である必要はない。しかし、先輩《せんぱい》からの助言を聞くにも、同僚《どうりょう》と力を合わせて作業をするにも、会話が成立しないようでは、仕事はできない。航空整備士といえば、一人で黙々《もくもく》と機械に向かって作業をするようなイメージがあるかもしれないが、とりわけ旅客機の整備はチームで行うものだ。

ヘリコプターのような小型機の整備では一人で作業をする機会も多いが、代わりにパイロットや乗客、あるいは遠征《えんせい》先の空港関係者や業務関係者など、さまざまな人とコミュニケーションを取る機会が多い。もちろん最初は、誰《だれ》もがそうした交渉《こうしょう》などに慣れているわけではない。しかし、場数を踏《ふ》むことによってコミュニケーション能力は高まっていく。最初はあまり自信がないという人でも、コミュニケーションが大切であるという意識をもち、たとえば日々のあいさつをきちんとするなどといったことから努力をしていく姿勢は必要だろう。

特に旅客機の整備はチームで行うのでコミュニケーション能力は必須だ

ちなみに「コミュニケーション能力」は、航空整備士に限らずどんな職種でも求められることが多い。あるいは「元気、明るい」といったことも、職種にかかわらず評価されやすい性質である。そうした意味では「求められる人材」を聞くだけでは、その職種の特色は出しにくいともいえる。みんな、「いい人」が欲しいのだ。そこで逆に、「どんな人には航空整備士になってほしくない（採用したくない）ですか」と聞くこともある。そこで多くの人が異口同音に語ることが多かったのが「うそつきはいらない」ということだった。

たとえば、ぎりぎり手が届くような場所での作業を任されたとする。うまくできたかどうか自信はないが、作業にあてられる時間も限られている。そんな時に先輩《せんぱい》から「できたか」と聞かれて、思わず「はい、できました」と答えてしまう。たぶんだいじょうぶではないかと自分に言い聞かせながら。あるいはボールペンを機内の隙間《すきま》に落としてしまったとする。拾うのはかなり大変な場所だ。たかがボールペン一本ならば、黙《だま》っていればわからないだろうとも思う。それは決して悪意からではないだろう。探すとなれば、みんなにも迷惑をかけてしまうという申し訳ない気持ち。もちろん、自分が厳しく叱《しか》られるかもしれないのも憂鬱《ゆううつ》だ。しかし、そこで正直に、「できていません」「なくしました」と申告しなければ、航空機の安全が脅《おびや》かされる可能性がある。それができない人は、航空整備士になってはならないという意味で、「うそつきはいらない」というのである。

飛行機は好きになる

では、「飛行機が好き」という気持ちはどうだろう。一人前の航空整備士になるためには、勉強しなくてはならないことが多いし、シフトで深夜の整備作業もある。夏の空港はコンクリートの照り返しもあって暑さが厳しいし、冬にはさえぎるものがない空港を吹《ふ》き抜《ぬ》ける風に身も凍《こお》るような思いをする。もちろん雨の日や雪の日もあるし、格納庫にしても冷暖房《れいだんぼう》完備ではない。

決して楽な仕事ではないが、それでも「飛行機が好きだ」という気持ちがあればがんばれそうだし、逆にいえばそうした気持ちがなければ耐《た》えられないかもしれない。実際に多くの航空整備士は、飛行機が好きでこの仕事を選んだというが、実はそうではなかったという人もいる。もちろん飛行機が嫌《きら》いなのに航空整備士になろうという人はあまりいないだろうが、「まったく自分が知らない世界、縁《えん》のない世界だと思っていたので魅力《みりょく》を感じました」という人もいた。だから旅客機の名前もわからないところからのスタートだ。

実際に入社してみると、自分には向いていないのではないかと後悔《こうかい》したこともあったそうだが、それでも毎日のように飛行機に接することでどんどん飛行機が好きになったという。たとえば飛行機は、安全のためにさまざまな工夫をこらしている。そこに、設計者の安全のための執念《しゅうねん》のようなものすら感じられておもしろくなっていくのだという。

もちろん飛行機が好きであるにこしたことはないが、それが航空整備士をめざすための必須《ひっす》条件ではない。勉強をするうちに、仕事をするうちに飛行機は好きになっていくものなのだ。

航空専門学校で学ぶのが一般的だが高専、短大、大学も募集対象

就職を重視した航空専門学校

航空整備士になるためには、高校卒業後に航空系の専門学校の整備コース（以下、航空専門学校と表記）で学ぶのが一般的《いっぱんてき》だ。採用対象を航空専門学校卒業生（見込《みこ》みを含《ふく》む）に限定している航空会社や整備会社もあるから、就職先の選択肢《せんたくし》も多くなる。

航空専門学校には在学中に航空整備士の国家資格を取れるところもあるし、就職を重視しているから日頃《ひごろ》から航空会社と密接な関係を築いている。採用情報についてはもちろん、どのような人材が求められているのかといった情報もよく集め、教育に反映している。航空会社で訓練教官などを務めていた人が教員を務めている学校も多いから、そうした教員から知識や技術だけでなく、航空整備士としてのやりがいや大変さ、あるいは会社ごとの

雰囲気《ふんいき》などについても具体的に聞くことができるだろう。

ただし航空専門学校だけでなく、理工系の高等専門学校（高専）や短期大学（短大）、大学の卒業生までを募集《ぼしゅう》対象としている会社もある。これは優秀《ゆうしゅう》な人材を、できるだけ幅広《はばひろ》く確保したいという狙《ねら》いからだ。もちろん高専や大学では在学中に航空整備士の資格は取らないし（例外的に、在学中に二等航空整備士取得をめざす熊本《くまもと》の崇城《そうじょう》大学、二等航空運航整備士取得をめざす鹿児島《かごしま》の第一工科《だいいちこうか》大学、千葉《ちば》職業能力開発《しょくぎょうのうりょくかいはつ》短期大学校はある）、航空機の整備について基礎《きそてき》的なことすら学ばないのがほとんどだ。

しかし航空専門学校の卒業生にしても、たとえ資格は取っていたとしても入社後には訓練を行わなければならないのは同じだ。航空専門学校で学ぶのは小型プロペラ機の整備が中心になるので、大型のジェット旅客機については入社してから学ばなければならない。ならば、それまで航空機の整備を学んだことがない高専や大学の出身者でも、入社後の訓練についていけるだけの能力をもった人ならば、積極的に採用しようということだ。

さらに航空整備士をめざす学生の学費負担を緩和《かんわ》するために、2024年度から産学官が連携《れんけい》しての無利子貸与《たいよ》型奨学金《しょうがくきん》もスタートする。これは航空整備士養成課程の学生を対象として、当面は1学年あたり最大100名程度にそれぞれ年間最大50万円を無利子で貸与《たいよ》するというもの。返済期間は卒業後8年となっている。

大学や大学院の理工系学部から

またJALやANAのように技術系総合職（業務企画《きかく》職あるいはグローバルスタッフ職）として募集《ぼしゅう》する場合には、大学や大学院の理工系学部（航空系とは限らない）の卒業生が対象となる。こちらも最初の数年間は現場で航空整備士としての経験を積むから、入社すると航空専門学校出身者などとともに基礎《きそ》から訓練を受けることになる。

ちなみに航空整備の基礎《きそ》知識や実技経験のない高専や大学の出身者は、入社後の訓練では少し苦労することになるだろう。しかし、そんな時には航空専門学校の出身者がよく助けてくれるという。出身学校は別々であっても、これからは同じチームとして航空機の安全を守っていくことになる。そしてチームスポーツと同じように、航空整備でも自分一人だけではなく全員が力を伸《の》ばし、協力していかなくてはいい結果を出すことはできない。そうしたチームワークは、こうした訓練段階から培《つちか》われていくのだ。

初期訓練後は出身学校に関係なく全員が社内資格を取って現場に出るが、航空専門学校の多くは在学期間が実務経験期間として認められるため、一等航空整備士の国家試験を受験できる時期は大学や高専の出身者よりも早い。それも航空専門学校の強みといえるが、入社してからの受験準備期間が短くなるという大変さもある。

航空専門学校とは

入学した時から就職をめざした活動

実地試験免除《めんじょ》の指定養成施設《しせつ》

航空専門学校はどのように選べばいいのだろうか。基本的には高校選びや大学選びと同じで人それぞれということになるが、航空専門学校はあまり数が多くないので自宅から通える場所にあるとは限らない。そのため学生寮《りょう》を完備した航空専門学校もある。そうした情報を含《ふく》めて、まずはできるだけたくさんの学校のホームページを見て、積極的に資料請《せい》求《きゅう》をして学校案内のパンフレットなどを取り寄せてみよう。

こうしてたくさんの学校を比較《ひかく》することによって、見えてくるものが必ずある。また多くの学校は、オープンキャンパスなどを行っているので、可能ならば参加してみるのもいいだろう。学校案内のパンフレットというのは、いわばお見合い写真のようなものだから、実際にその目で見れば印象ががらりと変わるということもある。「自分はここで勉強したい」あるいは「ここは合わない」という気持ちになることもあるだろう。航空専門学校にもやはり校風のようなものはあるし、それと自分との相性も大切だ。居心地の悪い学校では、肝心《かんじん》の勉強にも身が入らないだろう。

また航空専門学校には、国土交通省《こくどこうつう》から指定航空従事者養成施設《しせつ》（指定養成施設《しせつ》）として認められているところもあり、学校選びのひとつの判断材料にできる。これはイメージとしては公認の自動車教習所のようなもので、在学期間が航空整備士受験に必要な実務経験と認められるため、卒業までに二等航空整備士や二等航空運航整備士の受験資格（3年間の整備経験）ができる。さらに、実地試験も免除《めんじょ》される。

実地試験免除《めんじょ》というのは試験を受けなくても資格が取れるということではなく、学校が国に代わって試験を行うということで、自動車教習所の卒業検定のようなものと考えてもいい。合否の基準は国の試験と同じだから簡単になるということはないが、その学校の教育がそれだけ質が高いと認められているという目安にはなる。

なにしろ指定養成施設《しせつ》として認定されるためには、施設《しせつ》や設備、教員の数や能力、そして教育内容や運営などさまざまな条件を満たす必要があるから、必然的にある程度以上の教育環境《かんきょう》が整えられる。しかも指定養成施設《しせつ》として認められるためには、実績も加味される。すなわち実際に教育を受けた学生が、一定以上の割合で国家試験に合格しなくてはならない。だから、たとえ立派な施設《しせつ》を用意したとしても、それだけではすぐには認定を受けられないのである。

こうした指定養成施設《しせつ》は、本気で航空整備士をめざしてがんばりたい学生には心強い存在といえるが、優秀《ゆうしゅう》な航空整備士を確保したい航空会社や整備会社にとっても重要である。そこで自社の航空整備士を教員として出向させることもあるし、指定校として採用枠《わく》を用意することもある。もちろん採用枠《わく》があるからといって努力を怠《おこた》れば取り消されてしまうこともあるだろうから、学校としてもしっかりと学生を教育しなくてはならないし、限られた採用枠《わく》に選ばれる（推薦《すいせん》される）ために学生もがんばらなくてはならない。誰《だれ》にとっても決して楽な道ではないが、努力すれば報われるチャンスか大きいという意味ではがんばる甲斐《かい》があるというものだ。

航空専門学校のコース

航空専門学校を選ぶ時には、そこに自分がめざしたいコースがあるかどうかも要チェックだ。主なコースとしては、つぎのようなものがある（名称は学校によって異なる）。

・二等航空整備士コース

・二等航空運航整備士コース

・一等航空運航整備士コース

・一等航空整備士（エアライン整備士）養成コース

ここで航空運航整備士というのは、出発前の確認行為《こうい》ができる資格だ。ただし、もし点検で不具合が見つかった場合に必要となる整備作業や確認は、軽微《けいび》なものをのぞいて上位資格である航空整備士でなくては行うことができない。

また航空整備士や航空運航整備士には、扱《あつか》うことができる航空機の種類によって「飛行機」や「ヘリコプター」、あるいはエンジンの種類によって「レシプロ」や「タービン」といった限定がある。そこで先にあげたコースも、より細かくは「二等航空運航整備士コース、飛行機、レシプロ」というように分かれている。

レシプロエンジンはガソリン車と同じタイプのエンジンで、小型のプロペラ機やヘリコプターで多く使われている。それに対してタービンエンジンというのは一般《いっぱん》にジェットといわれるものだ。単にジェットエンジンという場合には排気《はいき》を後方に吹《ふ》き出す反動で推力を得るが、排気《はいき》の勢いでタービン（風車）を回して、その力で飛行機のプロペラを回すものをターボプロップ、同様にヘリコプターのローターを回すものをターボシャフトという。いずれも限定としては「タービン」となる。ちなみに日本で飛んでいるプロペラ旅客機は、すべてレシプロではなくターボプロップエンジンを装備《そうび》している。

ただし二等航空整備士や二等航空運航整備士の「飛行機、タービン」資格を取っても、旅客機の整備はできない。これらを整備するためには一等航空整備士資格が必要で、しかも限定も機種ごと（たとえばエアバスＡ３２０やボーイング７８７など）に細分化されている。そして一等航空整備士や一等航空運航整備士の試験では、受験する機種での整備経験が求められるから、そうした旅客機をもっていない（つまり受験に必要な整備経験を積むことができない）航空専門学校で資格を取るのは困難である。だからどうしても入社したあとで実務経験を積んでから受験しなくてはならないのだ。

ちなみに航空専門学校でも、例外的に日本航空大学校《にほんこうくうだいがっこう》 石川《いしかわ》では在学中に旅客機の一等航空運航整備士の資格が取れるが、これは同校が古い国産ターボプロップ旅客機ＹＳ－11を教材機として保有しているからだ。日本の航空会社ではもうＹＳ－11は使われていないから、この資格は航空会社に入社してからもそのままでは役には立たないが、旧式とはいってもＹＳ－11の基本的なシステムは現代の旅客機と大きくは変わらないから、そこで学んだことがむだになることはない。またすでに一等航空運航整備士の資格をもっているということから、その後の国家試験では一部課目が免除《めんじょ》される。

一等航空整備士については在学中に取れる航空専門学校はないが、入社してから短期間で一等航空整備士試験を受験できるように準備を進めておこうというのが、中日本航空《なかにほんこうくう》専門学校のエアライン（ＡＮＡ・ＪＡＬ）整備士コースと日本航空大学校《にほんこうくうだいがっこう》 北海道《ほっかいどう》の一等航空整備士養成コースだ。これはＪＡＬやＡＮＡの協力で在学中にインターンシップとして整備の現場で実習を受けることで、最短では入社2年目での受験を可能にしている。もちろん卒業後は、ＪＡＬグループやＡＮＡグループの整備会社への就職を前提としている。

入学した時から就職準備が始まる

旅客機の整備士をめざすならば、いちばん魅力的《みりょくてき》なのは一等航空整備士準備コースや一等航空運航整備士コースかもしれない。だがこうしたコースには誰《だれ》もが進めるわけではない。学校ごとの制度の違《ちが》いはあるが、まずは「航空整備科」という大きなくくりで入学して、2年生に進級する時に細かくコース分けがなされる。そして希望のコースに進めるかどうかは、1年生の時の成績によって決まる。簡単にいえば、成績のよい学生から進むコースを選ぶことができる。だから成績が悪かった場合は、希望しても一等航空運航整備士コースや一等航空整備士準備コースには進めないことがある。つまり専門学校では入学したその時から就職をめざした競争がスタートするのである。

一方で、こうしたコースに進めなかったからといって、大手を含《ふく》む航空会社に就職ができないということはない。またこうしたコースに進んだからといって就職が保証されるわけでもない。航空整備士に限らず、学校というのは入学しただけで資格や就職を約束《やくそく》されるところではない。そのための環境《かんきょう》が整えられ、それをバックアップする多くの教員はいるが、最終的には本人の努力しだいである。漠然《ばくぜん》と「専門学校に行けばなんとかなるだろう」という程度の気持ちでいてはうまくいかないだろう。

また航空整備士にとって資格は不可欠だが、採用試験の段階で資格の有無が決定的に重要であるとは限らない。たとえば応募《おうぼ》条件として二等航空整備士や二等航空運航整備士資格を必須《ひっす》としている場合には、資格がなければスタート地点にも立てない。しかし何度も書いてきたように、旅客機の整備に必要な一等航空整備士の資格は入社してからでないと取れないので、採用時に資格があったからといって「すぐには使い物にはならない」というのは同じだと考える会社もあるからである。資格の有無よりは人間性を重視するというケースもある。

これは採用する側のことを考えれば、あながち理解できないことではない。資格があってもろくにあいさつもできないような人と、まだ資格はなくても前向きで誠実な人がいたならば、どちらを選ぶだろう。知識や技術は入社してからでも鍛《きた》えることはできるが、人間性を変えるのはそれよりも大変だろう。即戦力《そくせんりょく》として期待される中途《ちゅうと》採用ならともかく、新人採用はその人の将来の成長までを考えて行うものなのである。

なお航空整備士の募集《ぼしゅう》については学校を通すのが一般的《いっぱんてき》だが、会社ごとのホームページでも告知されることがある。またそうした告知や求人票のない会社でも、履歴《りれき》書を送るなどしてチャンスをつかめることもある。そうした前向きな姿勢は、採用する側にとっても好ましい人間性のひとつといえるだろう。

図表1 指定航空従事者養成施設（官公庁や整備会社を除く。2022年9月現在）

指定養成施設の名称	教育課程と航空機の種類
学校法人神野学園 中日本航空専門学校 （岐阜県）	二等航空整備士（飛行機およびヘリコプター） 二等航空運航整備士 （飛行機）
学校法人浅野学園 国際航空専門学校 （埼玉県）	二等航空整備士（飛行機およびヘリコプター） 二等航空運航整備士 （飛行機）
独立行政法人高齢・障害・求職者雇用支援機構千葉支部 関東職業能力開発大学校附属 千葉職業能力開発短期大学校 （千葉県）	二等航空運航整備士 （飛行機）
学校法人日本航空学園 日本航空大学校 北海道 （北海道）	二等航空整備士（飛行機） 二等航空運航整備士 （飛行機）
学校法人日本コンピュータ学園 東日本航空専門学校 （宮城県）	二等航空運航整備士 （飛行機）
学校法人日本航空学園 日本航空大学校 石川 （石川県）	一等航空運航整備士 （飛行機） 一等航空運航整備士（飛行機およびヘリコプター） 二等航空運航整備士（飛行機およびヘリコプター）
学校法人君が淵学園 崇城大学 （熊本県）	二等航空整備士 （飛行機）
学校法人ヒラタ学園 大阪航空専門学校 （大阪府）	二等航空運航整備士 （飛行機）
学校法人朝日学園 成田国際航空専門学校 （茨城県）	二等航空運航整備士 （飛行機）

※最新の情報はインターネットなどでご確認ください

航空整備士の資格

一等航空整備士はかなりの難関

航空整備士資格の種類

航空整備士には国家資格がある。その種類は、つぎのようになる。

・一等航空整備士
・一等航空運航整備士
・二等航空整備士
・二等航空運航整備士
・航空工場整備士

航空整備士にしても航空運航整備士にしても、一等と二等の違《ちが》いは扱《あつか》うことができる航空機によるものだ。

基本の資格は二等と考えてもいいが、旅客機などの大型機や、特殊《とくしゅ》な扱《あつか》いが必要と判断された航空機の整備には一等が必要になる。また一等を必要とする航空機では、さらに型式（機種）ごとの限定も必要になる。たとえばボーイング７７７の整備を行うためにはボーイング７７７の限定が必要だし、すでにボーイング７７７の限定をもっている一等航空整備士がエアバスＡ３２０の整備を行うためには、あらためて試験を受けてエアバスＡ３２０の限定を取らなくてはならない（ただし一部の試験科目は免除《めんじょ》される）。飛行船やグライダーは基本的にすべて二等で整備できるが、特定の機種（たとえばツェッペリンＮＴ飛行船など）は型式限定が必要とされている。

また型式ごとの限定がない航空機の整備資格についても、「種類」や「等級」による分類はある。ここでいう種類というのは飛行機かヘリコプターか、飛行船かグライダーかということで、等級はさらにエンジンの数や種類などで細かく分けたものだ。具体的にはつぎのようになる。

・陸上単発ピストン機
・陸上単発タービン機
・陸上多発ピストン機
・陸上多発タービン機

・水上単発ピストン機
・水上単発タービン機
・水上多発ピストン機
・水上多発タービン機

陸上というのは陸上の滑走路《かっそう》から離着陸《りちゃくりく》する航空機のことで、空港で目にするほとんどの航空機が相当する。それに対して水に浮《う》くためのフロートなどを装備《そうび》して湖や海から離着水《りちゃくすい》する航空機は水上という等級になる。

単発というのはエンジン（発動機）がひとつの航空機で、多発というのは二つ以上（つまり3発や4発も含《ふく》まれる）ある航空機だ。ピストンはガソリン車のようなレシプロエンジンで、主に小型のプロペラ機やヘリコプターに装備《そうび》されている。タービンはジェットエンジンを使ったものだが、プロペラ機やヘリコプターにもジェットエンジンと同じ仕組みでプロペラやローターを回すものがあり、これらはタービンに分類される。

航空整備士と航空運航整備士の違《ちが》いは、行うことができる業務だ。航空運航整備士は、航空整備士の業務のうち一部だけを行うことができる下位資格と考えてもいい。航空機が整備されたあとは、それが安全に飛べる状態であるということを確認して署名しなくてはならない。航空運航整備士はそうした確認行為を行うことができる資格だが、それは行われた作業が「保守および軽微《けいび》な修理」であった場合に限られる。イメージとしてはタイヤ交換《こうかん》のような作業までならばＯＫということだ。それよりも複雑な修理や整備作業を行った場合には、確認行為《こうい》は航空整備士が行わなくてはならない。

そして航空工場整備士は、整備された航空機の装備《そうび》品を専門的に確認するための資格で、機体構造、機体装備《そうび》、ピストン発動機、タービン発動機、プロペラ、計器、電子装備《そうび》品、電気装備《そうび》品、無線通信機器という分野に分けられている。

航空整備士の受験資格

航空運航整備士を受験するためには一等、二等ともに18歳《さい》以上で2年以上の整備経験があること、二等航空整備士ならば19歳《さい》以上で3年以上の整備経験があること、そして一等航空整備士は20歳《さい》以上で4年以上の整備経験があることが必要だ。しかも、整備経験のうち6カ月以上は該当《がいとう》する航空機（たとえばボーイング777の限定の一等航空整備士を受験するならばボーイング777の整備経験）でなくてはならない。

資格がなくては航空機の整備はできないのに、その受験のためには航空機の整備経験が求められるというのは、まるで「ニワトリが先か、タマゴが先か」という話のようでもある。しかし航空機整備には、実際の作業だけでなく確認という業務がある。いわば資格はこの確認のために必要なので、資格がないあいだは資格のある航空整備士の指導や監督《かんとく》のもとで作業を行い、終了《しゅうりょう》後に確認をしてもらうのである。

ちなみに航空整備士を養成する航空専門学校のうち、指定航空従事者養成施設《しせつ》（指定養成施設《しせつ》）として認定されているところでは在学期間（3年間）が整備経験として認められるため、卒業までに二等航空整備士（3年）や一等および二等航空運航整備士（2年）の受験資格を満たせることになる。だから航空会社に就職する前から、資格を取ることができるわけだ。一等航空整備士については4年もの整備経験が必要なため在学中には受験資格がないが、それでも在学期間は整備経験として認められるため、入社したあとに短期間で受験資格を得ることができる。

一等航空整備士の試験

一等航空整備士の試験は、学科と実地とに分かれており、まず学科試験に合格すると実地試験に進むことができる。学科試験は毎年3回（7月、9月、3月）行われており、試験科目は、

・航空法規等
・機体

・タービン発動機
・電子装備《そうび》品等
の４科目だ。解答はいずれも選択《せんたく》式で、問題数は各科目25問。一問４点で70点以上ならば合格となる。

学科試験に合格すると実地試験の日取りが決められるが、指定養成施設《しせつ》の場合は国による実地試験が免除《めんじょ》されるので学校ごとに行われる。試験科目は、
・整備基本技術
・整備・検査知識
・整備技術
・点検作業
・動力装置《そうち》操作
という5科目で、実技の技能審査《しんさ》だけでなく口述審査《しんさ》も同時に行われる。たとえば試験官の立ち会いのもとで機体を検査しながら、各部の目的や仕組みなどについて部品単位で細かく質問され、正しく答えられなくてはならない。また実際に機体に乗り込《こ》んでエンジンをかけ、各種システムのチェックなども行う。しかも試験時間は、なんと2日間。整備基本技術についてが1日、その他の科目についてが1日で、当然ながらチェックされる項目《こうもく》

も膨大《ぼうだい》な数になる。

とりわけ試験前の1年間は密度の濃《こ》い勉強が必要になるが、それを通常の業務をこなしながら行うために一等航空整備士の誰《だれ》もが大変だったという。一方で、仕事をしながらなので勉強したことがすぐに役立つおもしろさもあり、モチベーションの維持《いじ》につながっていたとも。またテキストだけではわからなかったことは、職場にある飛行機ですぐに確認してみることができるし、疑問があればすでに資格をもっている先輩《せんぱい》から聞くこともできる。生きた勉強をするためには、恵《めぐ》まれた環境《かんきょう》といえるだろう。

一等航空整備士の合格率は公表されていないが、かなりの難関であることは確かだ。航空専門学校には100パーセント近い合格率を誇《ほこ》っているところもあるが、航空専門学校は合格の見込《みこ》みが低い者の受験を認めないという事情もある。いわば「努力して選ばれた者が受験してこの程度の合格率」と考えたほうがいいだろう。

就職の実際

採用試験は航空会社や整備会社、また出身学校によって異なる

航空整備士の採用試験

航空整備士の採用試験は、当然ながら航空会社や整備会社によって、また出身学校（航空専門学校、高専、大学など）によって異なる。

航空専門学校の場合は航空整備の基礎《きそ》についてはすでに学んでおり、すでに二等航空整備士や二等航空運航整備士などの資格をもっている人が多い。そのため採用試験では、面接などによる人物評価が中心となる。

また航空専門学校によっては航空会社からの採用枠《わく》（推薦枠《すいせんわく》）が設けられており、まずは学内での推薦《すいせん》を得るところから採用試験が始まる。航空専門学校としても、将来にわたって採用枠《わく》を確保するために自信をもって推薦《すいせん》できる学生を選ぶため、採用される確率は

かなり高い。その一方で、学生としては採用試験という一発勝負ではなく在学期間を通しての成績や生活態度などが評価されたうえで推薦《すいせん》されなくてはならない。つまり入学してすぐに採用試験が始まるようなものだが、だからこそ自分を鍛《きた》えられるのだと前向きに考えることもできる。

高専や大学の学生の募集《ぼしゅう》では、書類選考、筆記試験（英語や適性検査を含《ふく》む。各自でSPIを受けた結果を利用する場合もある）、グループ面接、個人面接、健康診断《しんだん》というのが一般的《いっぱんてき》だろう。もちろん高専や大学では航空整備に関しては学んでいないというのがふつうなので、航空に関する専門知識などが問われることはない。ただし自動車の普通免許《ふつうめんきょ》（AT免許《めんきょ》は不可としている会社もある）は必要とされている。

また航空機のマニュアル類には英語が使われていることが多いため、英検準2級以上（TOEICスコア450～600以上）の英語力が望ましいともされている。ただし、これはTOEICのスコアがやや低ければ応募《おうぼ》できなかったり足切りされるということではなく、英語に過度な苦手意識がないということを確認するための条件だ。もちろん英語力が高ければ、将来はさらに海外赴任《ふにん》や海外出張（航空機メーカーでの受領検査や海外の整備委託《いたく》先での検査など）のチャンスは増えるから、勉強するにこしたことはない。

入社後のスキルアップ

航空会社に入社したあとのスキルアップについて、JALグループやANAグループを例に説明しよう。JALグループの整備を担うJALエンジニアリングは、ライン整備やドック整備、エンジン整備などを総合的に手がける航空整備会社だ。入社すると、まずはJALに入社した技術系総合職（業務企画《きかく》職）の人たちと合同の新人研修を受け、社会人として求められる一般《いっぱん》知識やマナー、航空に関する基礎《きそ》知識、工具の使い方やボルトの締《し》め方、リベットの打ち方などといった基礎的《きそてき》な技術を学ぶ。

その後はライン整備やドック整備、エンジン整備、装備《そうび》品整備などの現場をひと通り体験し、配属が決定する。ここでは本人の希望や適性、会社の人員計画などが考慮《こうりょ》されるが、ライン整備を希望する場合にも、まずはドック整備などで社内資格と国家資格を取ったうえで配属される。また、たとえばドック整備からエンジン整備やショップ整備などへの異動も可能である。

現場に配属されたあとは、たとえばドック整備ならば入社1年目に社内資格の初級整備士（M）を取得し、3年目以降には同じく社内資格の2級整備士（M2）を取得。また入社5年目を目処《めど》に国家資格の一等航空整備士を取得し、さらに社内資格の1級整備士（M

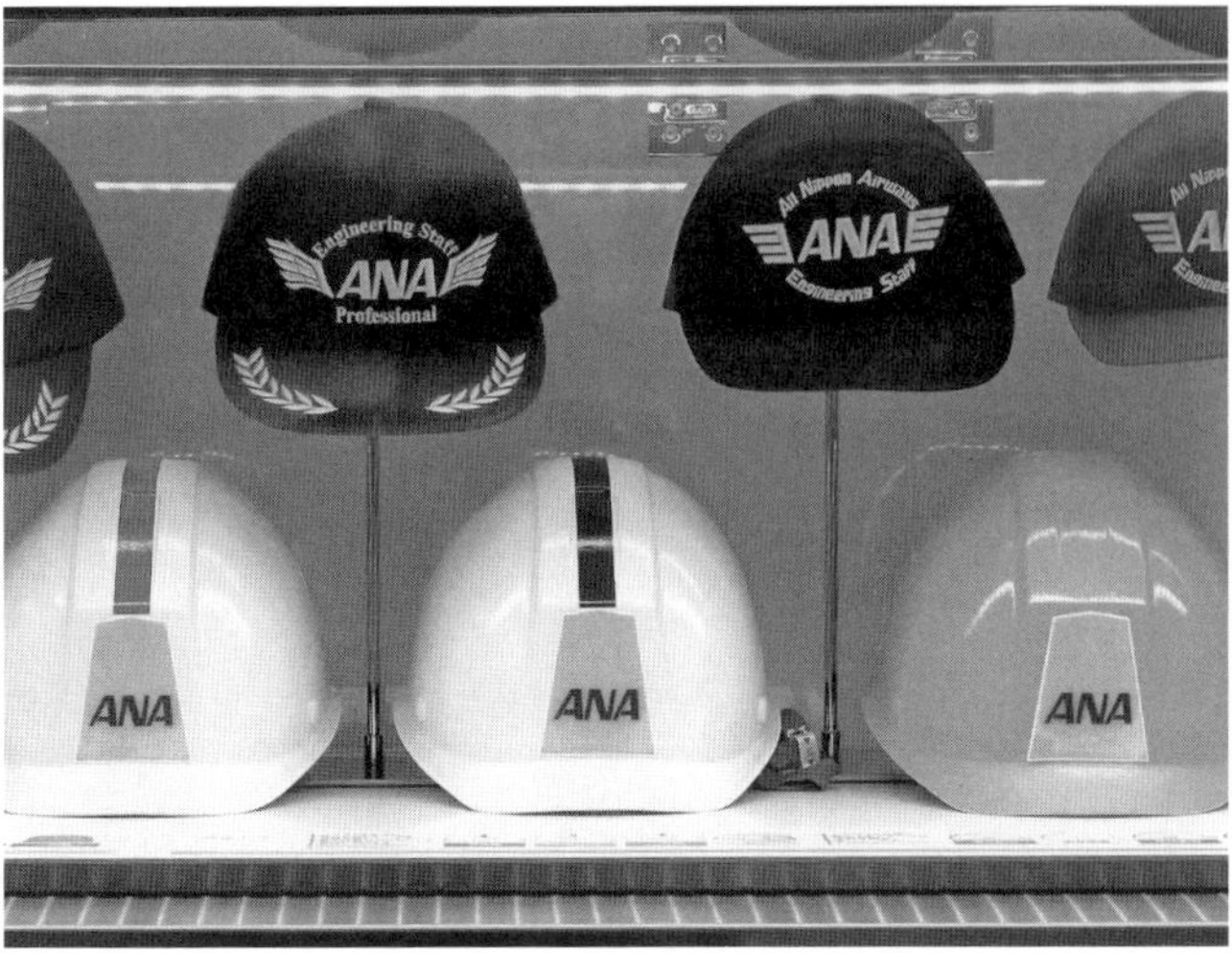

ANA の整備士の帽子やヘルメットの帯は、担当や資格によって色分けされている

１）を取得する。法的には一等航空整備士があれば旅客機の出発確認ができるが、ＪＡＬではさらにＭ１の取得も求められている。ここで、ようやく一人前ということだ。

　ＡＮＡグループの場合は、ライン整備やドック整備といった業務ごとに独立した整備会社があり、それにＡＮＡやＡＮＡウイングスの技術部門を合わせたものを「ｅ．ＴＥＡＭ　ＡＮＡ」と呼んでいる。新入社員は、まず全員がともに整備基礎《きそ》訓練を受ける。そして１年間で社内資格の「Ｇ（グレード）１」を取得し、それぞれの会社の現場に配属される。

　現場では先輩《せんぱい》整備士について実務について経験を積み、たとえばＡＮＡラインメンテナンステクニクスならば入社３年目を終えるころから国家資格である一等航空整備士の学科試験の受験を開始。早い人（航空専門学校の出身者）から実技試験にも挑戦《ちょうせん》して一等航空整備士を取得する。その後は、さらに上級の社内資格であるG2を取得したうえで出発確認のできる確認主任者資格を取得し、一人前となる。

ドック整備を担当するANAベースメンテナンステクニクスの場合は、現場に配属される時に「機体整備」「電装《でんそう》整備」「客室整備」「構造整備」「機装品《きそうひん》整備」という専門に分けられる。たとえば機体整備の場合は入社4～5年目に一等航空整備士を取得するが、構造整備の場合には航空工場整備士を取得する。さらにランディングギア（脚《きゃく》）やエンジンの交換《こうかん》などといった大規模な作業には確認主任者資格が必要で、ここまで取得すると一人前と見なされる。

フローチャート　航空整備士

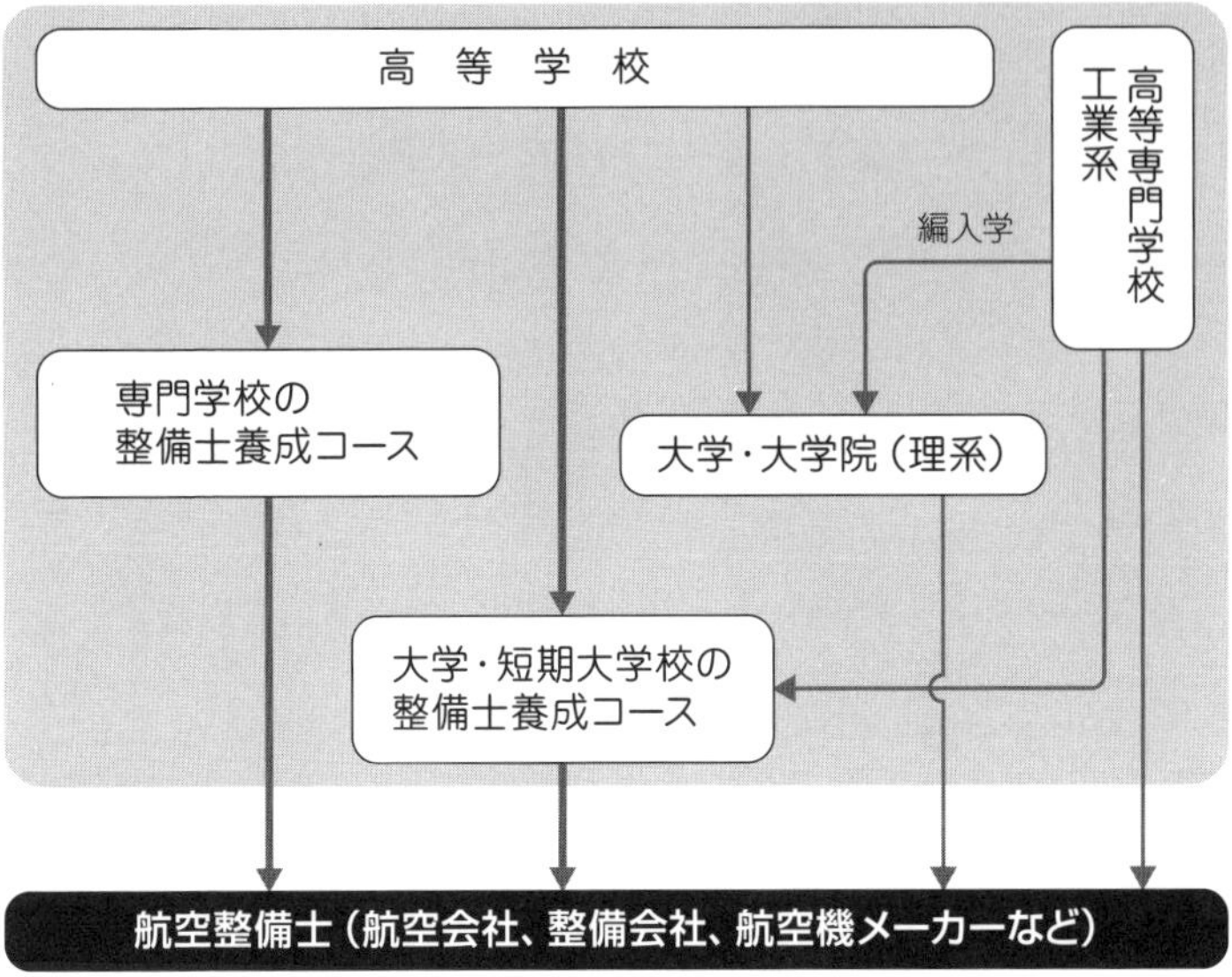

なるにはブックガイド

『航空整備士になる本』

イカロス・ムック
イカロス出版

主に旅客機の航空整備士の仕事内容やなるための方法などについて、豊富な写真とともに解説している。全国の航空専門学校や航空整備について学べる大学などの紹介は、学校選びの参考にもなるだろう。整備会社の採用担当者のインタビューなどもある。

『現役航空整備士が書いたかなりマニアックな飛行機豆知識』

中村惣一＝著
日本航空技術協会

タイトルにもあるように、現役の航空整備士が自分自身で書いたイラストと文章で、旅客機を構成する各システムなどについてマニアックに説明している。わかりやすさを第一にしながらも、航空整備士らしく正確さにも妥協していない内容はさすがだ。

『基礎からわかる旅客機大百科 改訂新版』
イカロス・ムック
イカロス出版

超大型機から小型機までの旅客機のトレンドやそのコクピット、キャビン、そして飛行の原理などをわかりやすくビジュアルで紹介。専門学校や航空会社に入って本格的な勉強をする前に、まずは旅客機全般について興味をもてるようになるだろう。

『月刊 AIRLINE（エアライン）』
イカロス出版

1980年に創刊された日本で唯一の民間航空専門の月刊誌。最新の旅客機やフライトのようす、イベント情報などが美しいカラー写真とともに紹介されている。また主に客室乗務員やグランドスタッフなどの就職情報を網羅した姉妹誌の『月刊エアステージ』もある。

職業MAP！　興味があるのはどの仕事？

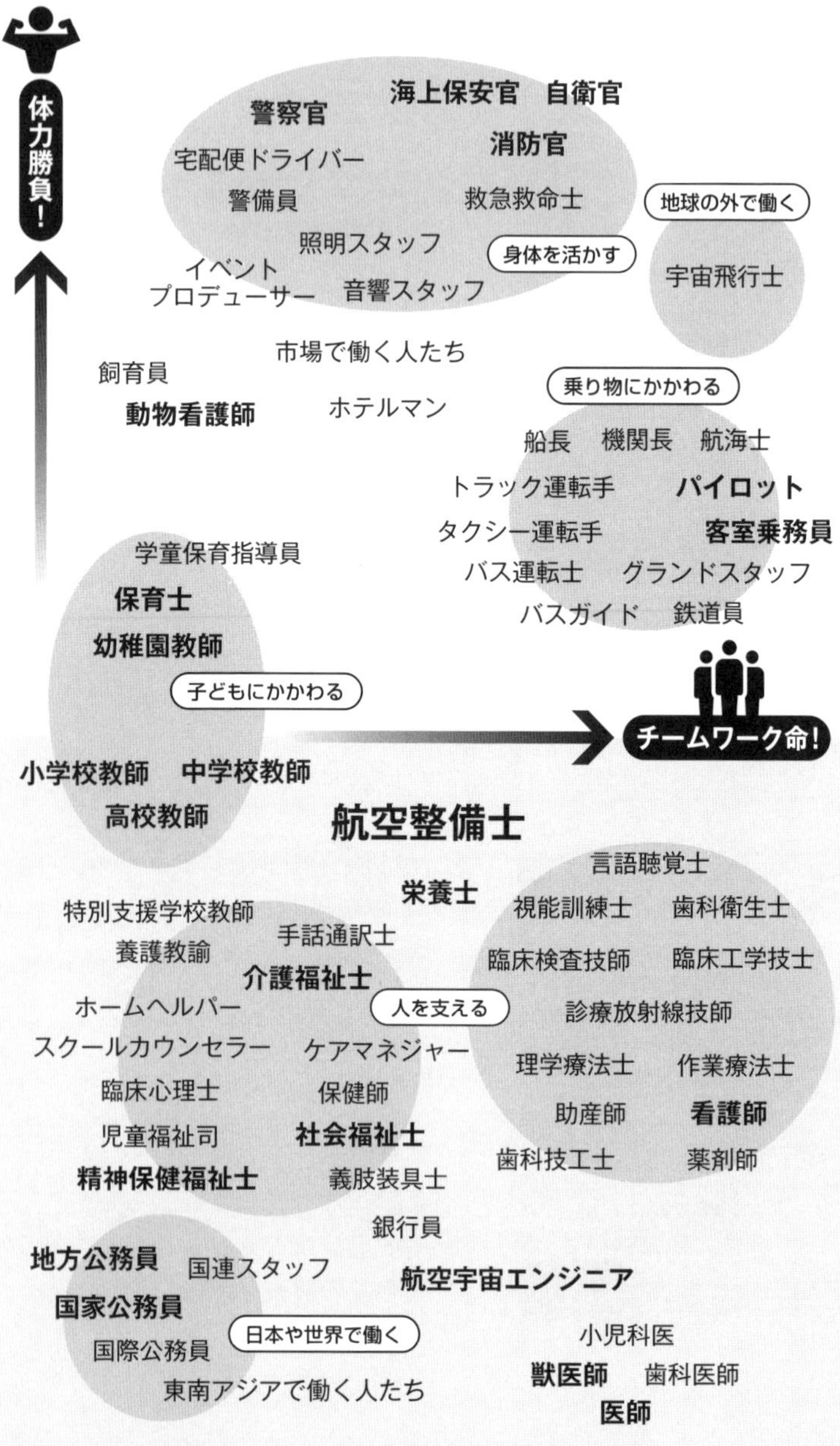
体力勝負！
チームワーク命！
警察官
海上保安官
自衛官
消防官
宅配便ドライバー
警備員
救急救命士
照明スタッフ
身体を活かす
イベントプロデューサー
音響スタッフ
地球の外で働く
宇宙飛行士
市場で働く人たち
飼育員
動物看護師
ホテルマン
乗り物にかかわる
船長
機関長
航海士
トラック運転手
パイロット
タクシー運転手
客室乗務員
バス運転士
グランドスタッフ
バスガイド
鉄道員
学童保育指導員
保育士
幼稚園教師
子どもにかかわる
小学校教師
中学校教師
高校教師
航空整備士
言語聴覚士
栄養士
視能訓練士
歯科衛生士
特別支援学校教師
手話通訳士
養護教諭
臨床検査技師
臨床工学技士
介護福祉士
ホームヘルパー
人を支える
診療放射線技師
スクールカウンセラー
ケアマネジャー
理学療法士
作業療法士
臨床心理士
保健師
助産師
看護師
児童福祉司
社会福祉士
歯科技工士
薬剤師
精神保健福祉士
義肢装具士
銀行員
地方公務員
国連スタッフ
航空宇宙エンジニア
国家公務員
日本や世界で働く
小児科医
国際公務員
獣医師
歯科医師
東南アジアで働く人たち
医師

アウトドアで働く
スポーツ選手　登山ガイド　漁師　農業者
冒険家　自然保護レンジャー
青年海外協力隊員　観光ガイド

芸をみがく
ダンサー　スタントマン
俳優　声優
お笑いタレント
映画監督

笑顔で接客する
料理人　販売員
パン屋さん
ブライダルコーディネーター
カフェオーナー
美容師　パティシエ　バリスタ
理容師　ショコラティエ
花屋さん　ネイリスト

犬の訓練士
ドッグトレーナー
トリマー

クラウン
マンガ家
カメラマン
フォトグラファー
ミュージシャン

自動車整備士

葬儀社スタッフ
納棺師

和楽器奏者

個性重視！

気象予報士

伝統をうけつぐ
花火職人
舞妓
ガラス職人
和菓子職人
畳職人
和裁士

イラストレーター　デザイナー
おもちゃクリエータ

書店員

人に伝える
塾講師
日本語教師　ライター
絵本作家　アナウンサー
編集者　ジャーナリスト
翻訳家　作家　通訳

政治家
音楽家
宗教家

NPOスタッフ
司書
学芸員
環境技術者
秘書

ひらめきを駆使する
建築家　社会起業家
化学技術者・研究者
AIエンジニア

外交官
学術研究者
理系学術研究者
バイオ技術者・研究者

法律を活かす
行政書士　弁護士
司法書士　検察官
公認会計士　裁判官
税理士

知力を活かす！

[著者紹介]
阿施光南（あせ こうなん）
1958年生まれ。フリーランスジャーナリストとして主に航空分野で活躍する。大学では航空工学を学び、自家用パイロットの資格を持つ。著書に『エアライン・パイロットになる本』（イカロス出版）、『最強戦闘機伝説！』『旅客機なるほどキーワード』（山海堂）、『パイロットになるには』（ぺりかん社）ほか。

航《こう》空《くう》整《せい》備《び》士《し》になるには

2023年12月25日　初版第1刷発行

著　者　阿施光南
発行者　廣嶋武人
発行所　株式会社ぺりかん社
〒113-0033　東京都文京区本郷1-28-36
TEL 03-3814-8515（営業）
03-3814-8732（編集）
http://www.perikansha.co.jp/
印刷所　株式会社太平印刷社
製本所　鶴亀製本株式会社

ISBN978-4-8315-1658-9　Printed in Japan

【なるにはBOOKS】ラインナップ　税別価格 1170円〜1700円

1 パイロット
2 客室乗務員
3 ファッションデザイナー
4 冒険家
5 美容師・理容師
6 アナウンサー
7 マンガ家
8 船長・機関長
9 映画監督
10 通訳者・通訳ガイド
11 グラフィックデザイナー
12 医師
13 看護師
14 料理人
15 俳優
16 保育士
17 ジャーナリスト
18 エンジニア
19 司書
20 国家公務員
21 弁護士
22 工芸家
23 外交官
24 コンピュータ技術者
25 自動車整備士
26 鉄道員
27 学術研究者(人文・社会科学系)
28 公認会計士
29 小学校教諭
30 音楽家
31 フォトグラファー
32 建築技術者
33 作家
34 管理栄養士・栄養士
35 販売員・ファッションアドバイザー
36 政治家
37 環境専門家
38 印刷技術者
39 美術家
40 弁理士
41 編集者
42 陶芸家
43 秘書
44 商社マン
45 漁師
46 農業者
47 歯科衛生士・歯科技工士
48 警察官
49 伝統芸能家
50 鍼灸師・マッサージ師
51 青年海外協力隊員
52 広告マン
53 声優
54 スタイリスト
55 不動産鑑定士・宅地建物取引士
56 幼稚園教諭
57 ツアーコンダクター
58 薬剤師
59 インテリアコーディネーター
60 スポーツインストラクター
61 社会福祉士・精神保健福祉士
62 中小企業診断士
63 社会保険労務士
64 旅行業務取扱管理者
65 地方公務員
66 特別支援学校教諭
67 理学療法士
68 獣医師
69 インダストリアルデザイナー
70 グリーンコーディネーター
71 映像技術者
72 棋士
73 自然保護レンジャー
74 力士
75 宗教家
76 CGクリエータ
77 サイエンティスト
78 イベントプロデューサー
79 パン屋さん
80 翻訳家
81 臨床心理士
82 モデル
83 国際公務員
84 日本語教師
85 落語家
86 歯科医師
87 ホテルマン
88 消防官
89 中学校・高校教師
90 動物看護師
91 ドッグトレーナー・犬の訓練士
92 動物園飼育員・水族館飼育員
93 フードコーディネーター
94 シナリオライター・放送作家
95 ソムリエ・バーテンダー
96 お笑いタレント
97 作業療法士
98 通関士
99 杜氏
100 介護福祉士
101 ゲームクリエータ
102 マルチメディアクリエータ
103 ウェブクリエータ
104 花屋さん
105 保健師・養護教諭
106 税理士
107 司法書士
108 行政書士
109 宇宙飛行士
110 学芸員
111 アニメクリエータ
112 臨床検査技師
113 言語聴覚士
114 自衛官
115 ダンサー
116 ジョッキー・調教師
117 プロゴルファー
118 カフェオーナー・カフェスタッフ・バリスタ
119 イラストレーター
120 プロサッカー選手
121 海上保安官
122 競輪選手
123 建築家
124 おもちゃクリエータ
125 音響技術者
126 ロボット技術者
127 ブライダルコーディネーター
128 ミュージシャン
129 ケアマネジャー
130 検察官
131 レーシングドライバー
132 裁判官
133 プロ野球選手
134 パティシエ
135 ライター
136 トリマー
137 ネイリスト
138 社会起業家
139 絵本作家
140 銀行員
141 警備員・セキュリティスタッフ
142 観光ガイド
143 理系学術研究者
144 気象予報士・予報官
145 ビルメンテナンススタッフ
146 義肢装具士
147 助産師
148 グランドスタッフ
149 診療放射線技師
150 視能訓練士
151 バイオ技術者・研究者
152 救急救命士
153 臨床工学技士
154 講談師・浪曲師
155 AIエンジニア
156 アプリケーションエンジニア
157 土木技術者
158 化学技術者・研究者
159 航空宇宙エンジニア
160 医療事務スタッフ
161 航空整備士
162 特殊効果技術者

補巻24 福祉業界で働く
補巻25 教育業界で働く
補巻26 ゲーム業界で働く
補巻27 アニメ業界で働く
補巻28 港で働く
別巻 レポート・論文作成ガイド
別巻 中高生からの防犯
別巻 会社で働く
別巻 大人になる前に知る 老いと死
別巻 中高生の防災ブック
高校調べ 総合学科高校
高校調べ 農業科高校
高校調べ 商業科高校
教科と仕事 英語の時間
教科と仕事 国語の時間
教科と仕事 数学の時間
学部調べ 理学部・理工学部
学部調べ 社会学部・観光学部
学部調べ 工学部
学部調べ 外国語学部
学部調べ 環境学部
学部調べ 国際学部
学部調べ 経済学部
学部調べ 人間科学部
学部調べ 情報学部

—— 以降続刊 ——

※一部品切・改訂中です。　2023.12.